Bernhard August Langkavel

Botanik der späteren Griechen vom dritten bis dreizehnten Jahrhunterte

Bernhard August Langkavel

Botanik der späteren Griechen vom dritten bis dreizehnten Jahrhunterte

ISBN/EAN: 9783744700085

Hergestellt in Europa, USA, Kanada, Australien, Japan

Cover: Foto ©berggeist007 / pixelio.de

Weitere Bücher finden Sie auf **www.hansebooks.com**

BOTANIK

DER

SPAETEREN GRIECHEN

VOM DRITTEN BIS DREIZEHNTEN JAHRHUNTERTE.

VON

DR. BERNHARD LANGKAVEL.

BERLIN 1866.
VERLAG VON F. BERGGOLD.

Vorrede.

Da den Griechen und Römern selbst zu der Zeit des am höchsten
wogenden Gedankenstromes in den Naturwissenschaften die Disci-
plin strenger Methoden, die die Neuzeit gerade charakterisirt, fehlte,
und ihre Forscher deshalb ideelle Unterscheidungen und verbale
Analogien mit den Verschiedenheiten und Aehnlichkeiten in der
Natur verwechselten, die charakteristischen Merkmale der Pflanzen
von zufälligen Abänderungen nur selten unterschieden, so mussten
sie natürlich um so grössern Werth auf die Ueberlieferung der
speciellen Namen und Synonymen legen. Aehnlich wie noch jetzt
wechselten diese aber im Volksmunde hier und dort und im Lauf
der Zeiten und gaben deshalb den um die Natur selbst unbeküm-
merten Grammatikern so sehr willkommenen Stoff zu ihren ver-
meintlich gelehrten Untersuchungen. Für die Botanik als Wissenschaft werden in den späteren Zeiten vom 3. bis 13. Jahrhunderte
selbst nach dem Einflusse der Araber auf die griechischen und
lateinischen Aerzte die Resultate immer dürftiger, das Wuchern
der Synonyme immer üppiger. Da die wenigsten Schriftsteller
dieses fast tausend Jahre umfassenden Zeitraumes bis jetzt in solchen Ausgaben vorhanden sind, denen ein genaues Verzeichniss
ihres Sprachschatzes beigegeben ist — etwas so überaus nothwen-
diges — so hatte ich mir deshalb von ihnen Speciallexica der
naturhistorischen Wörter angelegt, die jedoch besonders bei manchen weitschichtigen wie z. B. Oribasius monatelange Arbeit be-
anspruchten. Aus den so entstandenen zahlreichen Verzeichnissen
stellte ich dann für jedes Wort die verschiedenen Stellen zusammen, sichtete sie, je nachdem sie selbstständig oder nur entlehnt

waren, prüfte die etwa gegebenen oft sehr vagen Pflanzendiagno-
sen an den lebenden Pflanzen des hiesigen botanischen Gartens,
wozu mir der Director desselben, unser hochverehrter Prof. A. Braun,
besondere Erlaubniss gegeben hatte, verglich sodann die medici-
nische Anwendung und Wirkung der so bezeichneten Pflanze mit
den früheren Ueberlieferungen und den Resultaten neuer pharmacologischen Werke, und gelangte so endlich zu einer gewissen Ord-
nung in diesem wüsten Felde der bunten Synonymen.

Einer Veröffentlichung aller dieser Synonyme aber, die während jener langen Zeit in das Griechische und Lateinische aufgenommen worden, sich dort bildeten und endlich oft sehr fehlerhaft
uns überkommen sind, stellten sich mehrere Bedenken entgegen,
von denen ich hier nur hervorheben will, dass durch die so noth-
wendige Hinzufügung aller Citate zu einem Worte die Uebersicht-
lichkeit des Ganzen völlig beeinträchtigt worden wäre. Deshalb
entschloss ich mich zu einer Trennung der lateinischen Synonymen
von den griechischen und nahm auf den folgenden Bogen von den
letzteren meist nur diejenigen auf, welche in dem Thesaurus von
Stephanus und in Du Fresne Glossarium mediae et infimae grae-
citatis mit solchen Citaten versehen sind, durch die der Prüfende
leicht einen Beweis für die Richtigkeit oder Unrichtigkeit meiner
Erklärung erhalten kann. Alphabetisch oder etymologisch sind
die Synonyme unter den einzelnen Species nicht geordnet; der
Kundige weiss ja, was zu einander gehört. Wenn ich aber manch-
mal ein Wort mit schwankender Endung oder verschiedenem Ac-
cente doppelt aufführte (man vergl. die Bemerkung von Du Fresne
in seinen Emendanda hierüber), so ist das zugleich ein Wink,
dass es so auch in Du Fresne an verschiedenen Stellen, im Glossar,
dem Appendix und den Addenda, mit Citaten versehen ist. Dass
es auf diesem noch wenig betretenen Wege des Ungewissen, Schwankenden sehr viel gibt, bin ich mir nur zu gut bewusst. Selbst
wenn zahlreiche Stellen für ein bestimmtes Wort vorhanden waren,
waren sie doch oft so unzureichend, dass man bald auf die, bald
auf jene Pflanze rathen könnte. Ausser diesen schwankenden gibt
es aber noch eine bedeutende Anzahl solcher griechischen Namen,
die ich mir wegen zu weniger Belegstellen noch nicht zu deu-

ten vermag; dieselben führte ich im Wörterverzeichniss, wie die wenigen, welche sich auf terminologisches oder auf die Plantae cellulares beziehen, einfach an und würde sehr dankbar sein, über sie gründliche Belehrung zu empfangen. In den Klammern vor den Synonymen citirte ich besonders die Werke, wo die Stellen der Klassiker über die betreffende Pflanze behandelt sind. Dass ich aber Billerbecks unzuverlässige Compilation und andre ähnliche nicht anführte, wird mir wohl niemand verargen. Seine Flora classica Lpz. 1824 war eigentlich nur für die römischen Dichter theilweise brauchbar. In den Bemerkungen hinter den Synonymen gab ich weitere historische Ausführungen meist aus den im literarhistorischen Theil der Einleitung besprochenen Schriftstellern. Da· ich meine Synonymensammlung nach dem Barthling-Decandolle'schen Systeme in der ersten Ausgabe von Leunis Synopsis geordne tund bezeichnet habe, habe ich hier vor den Familien- und Art-Namen dieselben Zahlen beibehalten. Nur wenn der Buchstabe a hinzugefügt ist, bezeichnet er, dass jene Familie oder Art dort fehlt. Die ersten 132 Familien, hier im Buche bis S. 43, erschienen, aber vielfach gekürzt, im diesjährigen Programm des Friedrichs-Werderschen Gymnasii. Wegen der Kriegsunruhen konnten nicht alle Aenderungen so wie ich es wünschte auf den ersten 4 Bogen rechtzeitig beim Druck in Leipzig vorgenommen werden, und mögen aus diesem Grunde die Verbesserungen und Zusätze von Seite 129—133 geneigte Entschuldigung finden. Im Verzeichniss der lateinischen Namen und im Wörterverzeichniss ist deshalb für die auf obigen Seiten aufgeführten Wörter noch besonders hinter den Familien- und Art-Zahlen ein S. mit der Seitenzahl hinzugefügt worden.

Berlin den 10. Sptbr. 1866.

B. Langkavel.

Einleitung.

Mit Columella und Dioscorides, die für Jahrhunderte in jenen beiden Zweigen der angewandten Botanik, der landwirthschaftlichen und pharmacologischen, unantastbar blieben, mit Galenus, in dem die nachhippocratische Medicin ihren Höhepunkt erreichte, mit dem geographisch wichtigen Arrian, der für die botanisch-merkantilische Waarenkunde so˙ bedeutende Kenntnisse über die Gewürzpflanzen uns überlieferte, und mit Plinius Encyclopaedie schliessen meistentheils die Werke, welche die Flora classica zu ihrem Vorwurf haben, deuten aber den grossen naturwissenschaftlichen Reichthum in des Athenaeus Schriften höchstens nur vorübergehend an; und doch erfordert er ganz besonders eine ǀgenaue und gründliche Bearbeitung nicht allein in botanischer sondern auch in zoologischer Beziehung.

Mit den immer dürftiger, kläglicher werdenden Zeitabschnitten, in denen ein grosser Theil der Georgiker fast nur Unverstand und Aberglauben zeigt, nach Photius treffender Bemerkung die Schriftsteller über Landwirthschaft fast stets dasselbe wiederholen, wo der „divinissimus" Galenus Urquell und Orakel war, und, wenn die Länge der Recepte nicht mehr helfen wollte, Amulette und andere Künste an deren Stelle treten mussten, mit diesen Jahrhunderten beginnt die nachfolgende Botanik der späteren Griechen.

Die lateinischen Schriftsteller treten zu Anfang dieses Zeitraumes mehr und mehr zurück. Vor Theodorus Priscianus und ähnlichen zeichnet sich der Gallier Marcellus Empiricus dadurch aus, dass er der Flora seines Vaterlandes gebührende

Aufmerksamkeit schenkte. Das that nach Verlauf von elf Jahrhunderten dort erst wieder Ruellius. Die griechischen Autoren gewinnen auch dem Gehalte nach das Uebergewicht; zu den vorzüglichsten Studiensitzen Athen Antiochia Nikomedia trat an der Schwelle zweier Welttheile Konstantinopel hinzu. Aber wie schon Plinius Sammlungen, wie des Bischofs von Sevilla Isidorus zwanzig Bücher Etymologien in ihrer compendienartigen Gestalt die sinkende Productivität ihrer Zeit verkünden, so erscheinen in der damaligen stagnirenden medicinischen Literatur nach dem Vorbilde der grossartigen Redaction des vielseitigen Oribasius die βιβλία ἰατρικὰ ἐκκαίδεκα des Aëtius, die βιβλία ἰατρικὰ δυοκαί-δεκα des Alexander Trallianus und die in mancher Beziehung wenigstens selbstständigen ἐπιτομῆς βιβλία ἑπτά des Paulus von Aegina. Mit der Ausbreitung des Griechischen nach Westen bis Frankreich und Britanien nach Süden bis Abyssinien nach Osten bis Armenien verbreitete sich auch der Ungeschmack der mittelgriechischen Diction, die sprachliches aller Zeiten und Länder an einander fügte, und die einst auf einer Philologen-Versammlung so gepriesenen „schönsten Herbstblumen griechischer Klassicität" sind wohl eben so unbestimmbar wie die Phantasiestücke in alten gedruckten Kräuterbüchern. Michael Psellus, dessen Deuteleien in der διδασκαλία παντοδαπή, die mit der Glaubenslehre beginnt und mit der Kochkunst endet, sein Zeitalter als besondere Weisheit pries, interessirt die Botanik nur entfernt durch die Compilation περὶ διαίτης. Bedeutender ist die dem Kaiser Michael Dukas von Simeon Seth gewidmete Schrift σύνταγμα περὶ τροφῶν δυνάμεων, weil sie neben dem Botanischen auch für den damals so ausgebreiteten Handel mit dem Oriente schätzbare Notizen liefert. Mit Stephanus Magnetes, Nicolaus Myrepsus und Joannes Actuarius erlischen endlich die letzten Spuren dieses Zweiges der Wissenschaft unter den Schrecken der türkischen Macht und den politischen Revolutionen am byzantinischen Hofe. Schon lange vorher war durch die Siege der Araber der bedeutende Länderkreis, in dem einst die griechische Sprache herrschte, beschränkt und zerrissen worden, und auch die lateinische Sprache hatte sich wieder mehr ausgebreitet im christlichen Spanien Frankreich

England Deutschland. Man schrieb lateinisch, aber so wie im Osten das griechische, vermischt mit den Wörtern der Muttersprache, dass sich die Nationalität sogleich verräth. Karl der Grosse und die Salernitanische Schule der Medicin werfen nicht nur weit ihre Strahlen in das Dunkel, sie erwärmen und zünden auch. In den vier Büchern der Physica der Aebtissin Hildegardis, diesem ehrwürdigen Denkmale, finden ausser Botanikern auch Zoologen und Mediciner die ersten rohen Anfänge vaterländischer Naturforschung und eine aus der Volksüberlieferung geschöpfte, nicht aus Dioscorides abgeleitete Arzneikunde. Was Aristoteles einst für die wissenschaftliche Botanik geleistet, dasselbe leistete für das Abendland jetzt Albert der Grosse, der erste Aristoteliker der Zeit wie der geistigen Befähigung nach. Aus dem langen und für die Geschichte der Botanik fast noch ganz in Nebel gehüllten Zeitraume von ihm und Vincentius Bellovacensis an bis zum erneuten Studium der classischen Literatur im Abendlande sind besonders wichtig die medicinisch-botanischeu Wörterbücher von Simon Genuensis und Matthaeus Silvaticus.

Während des ganzen kurz vorgeführten Zeitabschnittes war die Arzneimittellehre als Trägerin der Botanik eine ungeordnete grosse Masse von Namen geblieben, die jeder, so gut oder so schlecht er es vermochte, sich zu deuten bestrebte. Die allergröbsten Verwechselungen zeigen sich in der mehr und mehr anschwellenden Menge von Synonymen. Schon aus den eigentlich klassischen Zeiten sind uns noch viele botanische Synonymen erhalten, mehr als man gewöhnlich glaubt. Da es aber selbst für die klassische Zeit noch bis jetzt an einer vollständig vergleichenden Onomatologie und Synonymie der Botanik (auch der Zoologie und Mineralogie) gebricht, so möge es mir gestattet sein, hier noch einmal anzuführen, was ich vor fast sechs Jahren in der Zeitschrift für das Gymnasialwesen Band XV. S. 277 in der ausführlichen Besprechung der Botanik der alten Griechen und Römer von dem bekannten Harald Othmar Lenz sagte: „die Anzahl der griechischen botanischen Namen allein ist nicht gering. Wir wollen hier die Zahl nach den einzelnen Buchstaben geben, um zu zeigen,

wie mannigfache Verbesserungen die Lexica dadurch noch erfahren
können. Der Buchstabe A enthält ungefähr 268 botanische Namen,

B	77	N	27
Γ	31	Ξ	19
Δ	58	O	160
E	119	Π	180
Z	12	P	56
H	26	Σ	193
Θ	46	T	41
I	53	Υ	19
K	453	Φ	81
Λ	133	X	57
M	173	Ω	6

also im ganzen ungefähr 2295 griechische botanische Namen, wie
wir sie nur aus unseren Collectaneen entnahmen, deren Unvoll-
ständigkeit wir uns nur zu sehr bewusst sind". Die meisten von
diesen Namen blieben auch in den späteren Jahrhunderten wenn
auch oft mit wechselnder Bedeutung; neue traten durch die Ausbreitung des Griechischen über die verschiedenartigsten Länderge-
biete hinzu. Schon Theodosius Zygomalas ad Martinum Crusium
bemerkt ganz treffend: οἱ πλησιάζοντες Λατίνοις τινὰς φωνὰς ἀνα-
μιγνύουσιν, Ἀγαρηνοῖς ὁμοίως, οἱ Βουλγάροις ὡσαύτως, καὶ ἔτι
ἔχουσι καὶ ἰδιώματά τινα ἐν τῇ προφορᾷ. Ferner kamen beträcht-
liche Wortmassen dadurch zum Vorschein, dass wie öfter auf
Befehl des Kaisers die Vulgärwörter des Landvolkes und des
Marktes in die Bücher aufgenommen wurden. So sagt Michael
Psellus in der Zueignung der kleinen Schrift περὶ διαίτης an
den Kaiser Constantin X. nach der Baseler Ausgabe von 1529, er
wolle auf Befehl des Kaisers die auf den Märkten gebräuchlichen Namen nicht verschweigen, dagegen vermeiden die barbarisch ent-
stellten, damit jeder Gebildete ihn verstehen könne. Das ist dasselbe, was vor ihm schon Theophanes Nonnus (Paris. Codex.
3502 == Anonymus ex. Cod. Reg. 3496) zu Anfang des ersten
Buches seiner Diaeta schrieb: ἐπιτιμήσει δὲ ἡμῖν οὐδὲ εἷς τῶν καὶ
μικρα λογίζεσθαι δυναμένων, ἐν δὲ τῷ παρόντι πονήματι ὀνόμασί τε
καὶ ῥήμασι τῶν ἐξ ἀγορᾶς καὶ τριόδου διειλημμένων κεχρημένοις

ὁρῶν. οὐ γὰρ ἀγνοίᾳ λέξεων τῶν καλλίστων καὶ συνηθεστάτων τοῖς
Ἕλλησι βαρβάροις ὀνόμασι καὶ διεφθαρμένοις ἐστὶν ὅπη κεχρήμεθα·
ἄτοπον γὰρ κομιδῆ μέτρια παιδευθέντας ἀλλ' ὑπὲρ τοῦ μηδὲν δια-
πεσεῖν καὶ ἀγνοηθῆναι τῷ μὴ παντοδαπῆς παιδείας τῆς Ἑλληνικῆς
μετασχόντι, συνηθεστάτη λέξει καὶ καθομιλημένη τοῦτο διέγνωμεν
παραδοῦναι τὴν εἴδησιν καὶ κατάλειψιν τοῦ προσκειμένου σκοποῦ,
oder im zweiten Buche: τῆς ἰδιωτικῆς φημι καὶ ἀγρικοτέρας ἐκδό-
σεως, διὰ τὸ μηδένα γνωστὸν ὑπολειφθῆναι τῷ ἰδιώτῃ καὶ πάντη
ἄγευστα παιδείας Ἑλληνικῆς διὰ βραχυτάτων καὶ περὶ τούτων
διαλαβεῖν. . . .

Auch für die lateinische Lexicographie liegt in den zahlreichen Glossarien der verschiedenen Bibliotheken, besonders der zu
Paris und Leyden noch Material in reicher Fülle; aber es ist noch
lange nicht geordnet und gesichtet, obwohl schon Ruhnkenius
praef. Appulej. p. IV dazu aufforderte: Glossaria Latina e tene-
bris in lucem vocet, linguamque Latinam, de cujus inopia vetus
querela est, aliquot mille vocabulis ac formis nondum cognitis lo-
cupletet. Für den sermo plebejus, usualis, für die lingua rustica
u. a. und für die naturhistorischen Namen ist noch vieles aus den
Glossarien zu gewinnen. Aber das Lesen derselben gehört nicht
zu der angenehmsten und erquicklichsten Lectüre; denn die
Schrift ist häufig sehr flüchtig und voller Abkürzungen, und die
Verstümmelung und Verdrehung alter Namen geht theils aus
Nachlässigkeit der Abschreiber theils aus völliger Unkenntniss
oft bis ins unbegreifliche, erschwert im höchsten Grade die Erklärung. Wie wenige beherzigten doch die alte Vorschrift des
Basilius (epist. CLXXVIII): σύ μέν, ὦ παῖ, τά χαράγματα τέλεια
ποίει καὶ τοὺς τύπους ἀκολούθως κατάστιζε· ἐν γὰρ μικρᾶ πλάνη
πολὺς ἡμάρτηται λόγος, τῆ δὲ ἐπιμελείᾳ τοῦ γράφοντος κατορθοῦται
τὸ λεγόμενον.

Wie man im Deutschen durch manchen Volksnamen, (ich
erinnere nur an die dankenswerthen Beiträge zur Volksbotanik,
die Schiller im Thier- u. Kräuterbuche des Mecklenburgischen
Volkes, Durheim im schweizerischen Pflanzen-Idioticon, Wort-
mann in der St. Gallischen Volksbotanik gab), als unerwar-
teten Fund in irgend einem alten Glossarium, den Faden wie-

derfindet um aus dem Labyrinthe der Synonymen herauszukommen, so sind im jetzigen Griechenland die neugriechischen und pelasgischen Vulgarnamen oft die bewährtesten Führer. Jn ihnen haben sich, wie die Forschungen von J. G. v. Hahn, C. Reinhold und Th. v. Heldreich bewiesen, eine grosse Anzahl alter Pflanzennamen erhalten. Etwas ganz anderes aber sind die aus dem altgriechischen jetzt wieder eingeführten Benennungen, wovon unter andern Fraas in der Vorrede pag. XI u. fg. verschiedene Beispiele giebt. Hierbei muss man äusserst vorsichtig sein, wenn man nicht auf ganz falsche Fährte kommen will.

Als zweiten Theil der Einleitung glaube ich noch einige nähere Notizen geben zu müssen über einzelne seltene Ausgaben, die mir von dem verehrten Vorstande der besonders an älteren naturwissenschaftlichen und medicinischen Werken so reichen Hamburger Stadtbibliothek mit grösster Liberalität zum Theil auf längere Zeit geliehen wurden.

Ohne specielle Citate bei jedem betreffenden Namen benutzte ich folgende Werke:

Eine treffliche Pergamenthandschrift des Constantinus Africanus, die von Blatt LXXIV an manches botanische enthält.

Aus einer Pergamenthandschrift, Medica Varia No. 43. 4°, pag. 114—115 einen Index alphabeticus arborum, u. p. 116—134 remedia medica.

Einen Codex chartaceus. 4°, der zwischen acta in Senat. Argentor. enthält: a) Vocabularium lat-germanicum scriptum, b) Glossarium aliud, c) nomina herbarum.

Ein mit Papier durchschossenes und mit handschriftlichen Bemerkungen versehenes Exemplar von Joach. Camerarii hortus medicus 1588.

Nicolai Maroncae Comment. in tractat. Diosc. et Plinii de Amomo. Basil. 1608. 8°.

Joh. Mich. Langii dissert. bot.-theolog. tres de herba Borith. Altorf. 1705. 4°.

Jo. Jac. Kirsten in Virgilii Vers. alba ligustra cadunt etc. Altorf. 1764.

Georg. Franci de Frankenau flora francica h. c. lex. plant. adnectuntur programmata philol.—botanica. edit. Lpz. 1698. 12°. Houck dissert. de Hyperico (aliis fuga daemonum) Jenae 1716. Gmelin Rhabarbarum officinarum 1752. Wigand de Scordio 1716. Arnold de Verbena 1721. Malajesa. Auszug aus Ibn Baithâr; eine sehr schöne Handschrift, von der Sontheimer in einem Briefe (dat. Stuttg. 27. 3. 1839 und ihr beigefügt) sagt: „die Handschrift gehört unter die am correctesten geschriebenen, die ich je zu Gesicht bekommen habe, und nur vermittelst dieser kann die Handschrift des Ibn Baithâr gehörig benutzt werden". Aus verschiedenen Gründen jedoch glaube ich nicht, dass Sontheimer den ziemlich starken Folioband vollständig in seinem bekannten Werke ausgenutzt hat.

Mit steter Angabe des Citates benutzte ich aus der Hamburger Stadtbibliothek:

Theodorus Priscianus, und zwar so, dass ich die im Experimentarius Medicinae ap. Joan. Schottum MDXLIV enthaltenen 4 Bücher des Octavius Horatianus mit besonderer Paginirung als die 4 ersten, dagegen das in der Physica Hildegardis etc. ap. J. Schottum MDXXXIII pag. 234—247 abgedruckte Buch: Diaeta Theodori Medici als 5tes zählte und mit diesen Seitenzahlen bezeichnete. Da Meyer, Gesch. der Botanik II 286 und andre sich nicht erklären konnten, wie der Graf Herm. v. Neuenar zuerst auf die Namen Octavius Horatianus gekommen sei, möchte ich hier meine Vermuthung darüber geben. In der merkwürdigen Brüsseler Handschrift aus dem 12ten Jahrhundert: incipit liber Aurelii de acutis passionibus, von der Daremberg in Janus, Zeitschr. f. Gesch. u. Lit. d. Medicin. Bd. 2 pag. 472 ein Facsimile gab, steht auf einer Seite von einer neuern Hand hinzugefügt: liber sancti Panthaleonis in Colonia und auf der Rückseite von eben derselben: incipiunt capitula libri primi logici Octavii Oraciani ad Euporistum. Da in der Handschrift selbst zahlreiche Abkürzungen und Corruptionen vorkommen, z. B. catha Jatrion statt κατ' ἰατρεῖον, dergeron kaeidaton statt περὶ ἀέρων καὶ ὑδάτων, Ron ginecon statt ῥῶν γυναικείων, Drototis statt neurotrotis, so las

vielleicht auch die neuere Hand aus der Abkürzung von Coelius
Aurelianus jenes Octavius Oracianus heraus, und von hier aus
verbreitete sich der Name dann weiter. — Zu den von Meyer S.
291 Anm. 2 angeführten Citaten des Simon Genuensis aus Theodorus Priscianus sind noch hinzuzufügen: Kanchi, Mologonos und
Hediscoron. Matthaeus Silvaticus in der Ausgabe von 1541 citirte
den Theodorus Priscianus 23 mal in den Artikeln: Acreta, Dia-
dimateos, Eligmata, Epulentum, Exantimata, Fecula, Gingnidium,
Hedicorion, Hysatis,¦ Hysoperide, Holoxidera, Indi mirabolani,
Inontes, Ipopias, ¦Kariana, Menemedi, Methonamia, Mologlonos,
Oros, Paranichia, Paracentesis, Psilla, Serniosis, Strofos; aus-
serdem aber noch, ohne dass vorher Simon Genuensis ihn
citirt hätte, in folgenden: Liquiritia, Kalririos, Kapara, Glicidis,
Depsis, Chimosin, Ypogias, Xantium, Othonia. Auch Hermolaus
Barbarus im Corollarium zu der bei Dioscorides angegebenen
Ausgabe citirte ihn pag. 38, 1; 11, 4; 14, 3; 16, 3; 17, 2; 20
1. 2; 38: Theodorus, cognomento Priscianus.

Simon Genuensis citirte ich nach der selbst Meyer (vgl.
Gesch. d. Bot. IV. 161) unbekannt gebliebenen Editio princeps,
über die ich in der Botanischen Zeitung v. Mohl u. v. Schlechtendal 1865 p. 195 einige Notizen gab. Zu diesen will ich nur
noch hinzufügen, dass ausser Matthaeus Silvaticus s. v. riben auch
Dufresne im Glossar s. v. λισὲν ἐλασάφερ ihn Genuensis nennt.
Ungeachtet des französischen Canonicates (Canonicus Parisiensis,
wie sein Freund Campanus hiess Canonicus Rothomagensis) war
der gewöhnlich Simon Januarius genannte Verfasser der Clavis
sanationis aus Genua. Schon Tiraboschi in der Storia della lette-
ratura Italiana edit. Rom. IV 151 und 201 bemerkt, dass er sich
die andern dem Simon beigelegten Namen nicht erklären könne;
denn nach den meisten Neueren soll er eigentlich heissen Simon
de Cordo (vgl. Henschel im Janus, Central-Magazin für Gesch.
u. Lit. d. Medicin 1853 p. 380 fg. über berühmte Wundärzte u.
Aerzte des 13ten u. 15ten Jahrhunderts), oder Simon Geniates
a Cordo nach Merklin in seinem Lindenius renovatus 1686, dem
Grässe folgte. Während meiner Arbeiten über Matthaeus Silva-
ius in der Hamburger Stadtbibliothek war ich so glücklich, den

alten Wolfgang Justus anzutreffen, durch den ich der Quelle dieser Namen fast um 100 Jahre näher gekommen bin. Dieses seltene Buch, das Meyer (IV 170) gleichfalls nie zu sehen bekam,
führt folgenden Titel:

> Chronologia sive Temporum Supputatio, omnium illus-
> trium Medicorum, tàm veterum, quàm recentiorum, in
> omni linguarum cognitione, à primis artis Medicae inven-
> toribus et scriptoribus„ usque ad nostram aetatem et secu-
> lum. Authore Guolphgango Justo Francophordiano.
> Francophorti ad Viadrum in officina Joannis Eichorn.
> Anno MDLVI. (8 min.)

Die Epistola dedicatoria: Clarissimo Viro, eruditione et vir-
tute praestanti D. Paulo Ebero, bonarum artium Professori, 'n
celebri Academia Vitebergensi, umfasst 4 ungezählte Blätter, der
Text 174 Seiten, jede nur zur Hälfte bedruckt, weil wie in Ge-
schichtstabellen auf der andern zwei Rubriken für die Zahlen:
anno mundi und anno ante Christum oder Christi sind. Der Index alphabeticus hat 12 ungezähltn Blätter. Auf Seite 110 heisst
es dort:

> Simon Januensis vel Genuensis, aliàs Geniates à Cordo
> dicitur, Medicus excellentissimus, vixit Romae in aula
> Pontificis Nicolai 4. qui electus anno 1288. Hic unà cum
> Abrahamo Judaeo transtulit Joannis filii Serapionis opus
> de simpli. medica.

Da ich von Matthaeus Silvatius auch eine von Meyer
(IV 173 fg.) nicht genauer beschriebene Ausgabe benutzte, muss
ich hier ihren vollständigen Titel geben;

> Pandectae Medicinae
> Opus Pandectarium Medicinae clarissimi viri Matthaei
> Silvatici, tam Aromatariis, quam Medicis omnibus ne-
> cessarium, nuperrimè castigatius redditum, et non inve-
> nustis characteribus in gratiam studiosorum excusum, ac
> plurimis celeberrimorum Autorum, in primisque Simonis
> Genuensis, Adnotationibus decenter illustratum, necnon
> variis capitibus simplicium medicinarum, quae in perquàm
> multis codicibus non comperiuntur, adauctum: cum Tra-

ctatu quoque declarante quantum ex solutivis laboriosis ingrediatur pro singula drachma pilularum et electuariorum solutivorum. Tabula simplicium proxime sequentem paginam volenti sese offert. Subjecta quoque est in fine operis Tabula omnium capitum per elementorum Alphabeti seriem digesta. Adjecta item fuere Adnotamenta pleraque studiosis Lectoribus haud dubie profutura per eximium Medicae facultatis professorem Dominum Martinum de Sospitello, qui non pauca quae depravata fuerant integritati suae non indiligenter restituit.

Lugduni,

apud Theobaldum Paganum

MDXLI.

Die Schlusschrift ist so, wie Meyer angiebt, nur steht dort nicht Theobaldum payen, sondern wie auf dem Titelblatte schon: Theobaldum Paganum, und: Anno Domini MDXLI. die. VI. mensis Aprilis.

Nach der Tabula Simplicium, die 7 Seiten füllt, beginnt das Werk, wie Meyer S. 172 unten angiebt, nur steht noch hinter Lira folgendes: Additur Symon Januensis ubique per Alphabetum: vigilanti studio Correctum: et multis in locis additis adnotationibus capitulorum et auctorum nusquam impressis per artium et Medicinae doctorem Dominicum Martinum de Sospitello: feliciter incipit. Anno MCCCCCXXIV.

Zu den zwei Stellen, Cap. 116 Bruculus und 197 Culcasia, die Meyer S. 168 angeführt hat, kann ich noch folgende, in denen er gleichfalls von sich oder seiner Heimath spricht, hinzufügen:

Cap. XXXIV. Altea. im Abschnitt: Posse.

Nos ipsa experti sumus quod trita cum laxungia veteri et imposita podagram tertia die sanat.

Pag. 55. cimolea. terra argentaria, quam ego vidi Sardinie.

Pag. 168. lapis diaconitis: Ego autem in partibus Alamanie in sueuia vidi lapidem super quem convenerant plus q. duo serpentes . . . . et hunc lapidem ab uxore ejusdém nobilis mihi presentatum fuit cum capite ejusdem serpentis.

Asusibendegi . . . . in lingua nostra vocatur smirillo.

*

Avis arba... in lingua nostra vocatur arpaque.

Avis regia ... nos vocamus regillum.

Botim.... arbor que grece vocatur scincus... quam nos re-
gnicole vocamus lentiscum.

Bichar (vgl. Diosc. ed. Spreng II 560 fg.)... que vocatur
lingua nostra pucida vel cotula fetida.... herba que vocatur in
lingua nostra oculus bovis (als Druckfehler steht bonis): vel cotula
(Vgl. Ruellius p. 755. Anguillara 239).

Dracon... qui in lingua nostra vocatur Goracena.

cetrastolium... in idiomate nostro vocatur herbe hernia.

Ectaces. Pli. herba est que in Sicilia tantum nascitur. lib.
XXI, 16 in medio, quam ignoro. (Sillig XXI §. 97 hat cactus).

Auf Seite 170 bemerkt Meyer im 4ten Bande bei der
Annahme einiger, dass die Pandekten erst 1336 erschienen seien,
er könne den Faden nicht weiter als bis auf Wolfgang Justus
verfolgen. Bei ihm ist aber nicht diese eine Jahreszahl angegeben.
Er sagt S. 115 unter derselben Rubrik mit Petrus de Apono vel
Aponensis (vgl. Meyer S. 169 und Henschel im Janus IV, 2,
382 Petrus de Abano): Guilhelmus Varignana und Joannes Platearius, anno mundi 5283. anno Christi 1321: Matthaeus Sylvati-
cus, patria Mantuanus, nobilis Medicus. claruit tempore Roberti
Siciliae Regis, ad quem opus suum Pandectarum medicinae
scripsit, anno 1320. ut testatur Trittemius. Gassarus dicit anno
1336. sub Ludovico Bavaro. neuter tamen horum errat. Der hier
erwähnte Gassarus ist der gelehrte Augsburger Arzt Achilles Pir-
minius Gassarus, dessen Lebensbeschreibung in Adami p. 233
steht, ein Zeitgenosse unseres Wolfgang Justus.

Ausser meiner Basler Ausgabe des Ruellius von 1575 erhielt
ich aus Hamburg die Pariser von 1536, die in typographischer
Beziehung ein wahres Meisterstück ihrer Art ist und wegen des
herrlichen grossen Holzschnittes vor dem Titelblatt verdient hätte
von L. C. Treviranus, Anwendung des Holzschnittes zur bildl.
Darstellung etc. Lpz. 1855, erwähnt zu werden. Diese Pariser
Ausgabe hat folgenden Titel:

De Natura stirpium libri tres, Joanne Ruellio authore. Cum
privilegio Regis. Parisiis. Ex officina Simonis Colinaei. 1536.

Die zwei und eine halbe Seite umfassende Vorrede: Christianissimo Galliarum Regi Francisco, hujus nominis primo, wurde geschrieben Parisiis, quarto Idus Junii, Anno millesimo quingentesimo trigesimosexto.

Wenn in den spärlichen Nachrichten (z. B. Jovii elegia virorum literis illustrium Basil. 1577 p. 173) über ihn gesagt wird, dass er seine Vaterstadt gar nicht verlassen, später zurückgezogen in Paris gelebt habe, so weiss ich nicht damit folgende Worte seiner Vorrede zu verbinden: Quare me tantorum impulit virorum dissidium, per vastas ire regionum multarum solitudines, invia montium juga peragrare, lacus inaccessos lustrare, abditas terrae fibras scrutari, hiantes vallium sequi specus, vel cum corpusculi hujus periculo praecipitia nonnumquam tentare, ut inspectu etiam, nedum cognitione, res ipsas comprehenderem, de quibus eram scripturus. Kann man das alles von der Umgegend von Soissons behaupten, oder ist es nur lateinische Phraseologie? kann so überhaupt ein homo sedentarius sprechen, wie Haller den Ruellius nennt?

Es wurde stets lobend hervorgehoben, dass Sprengel in seinem Commentar zum Dioscorides den Aluigi Anguillara, dessen Semplici er von Ciro Pollini (Sprengel, Gesch. d. Bot. I 293) einst geschenkt erhielt, so fleissig benutzt habe. Das war nicht allein von bestem Erfolge für seine Untersuchungen, sondern auch die Hauptresultate von Anguillara's. Forschungen wurden dadurch erst zugänglicher. Da ausser Sprengel von deutschen Gelehrten wohl nur noch Ernst Meyer (vgl. IV 378—384) das von seinem Freunde Prof. de Visiani zum Geschenk erhaltene Buch benutzte, so glaube ich, dass ich durch einige längere Mittheilungen aus diesem seltnen Buche, das in der Hamburger Bibliothek zu finden ich so glücklich war, mir keinen Vorwurf zuziehen werde. Belesenheit, und zwar gründliche Belesenheit in den Alten war zu Anguillara's Zeit nichts so ungewöhnliches; wenn aber andere mit der Menge der Citate prunkten, so finden wir bei ihm, der die Alten von Aristoteles bis zu den Geoponikern, die Araber und modernen Lateiner gründlich kannte, nie ein überflüssiges Citat. Seine Kritik der Handschriften, auf die er bei zweifelhaften Stellen in den gedruckten Texten zurückging, ist scharfsichtig und zeugt von tiefem Urtheil, das aber zugleich auch den tüchtigen Pflanzenkenner uns vor Augen führt. Er entdeckte manche neue Pflanze, gab von allen die Fundorte genau an und geht in seinen feinen Untersuchungen gern auf die zahlreichen zweifelhaften Pflanzen der Alten ein. Der Titel des Buches ist so wie ihn Meyer IV 380 angibt, nur muss die Tavola dei Semplici e de nomi loro nicht 16 ungezählte Seiten, sondern, wie ich schon in der Bot. Zeitung v. Schlechtendal etc. 1865 p. 195 bemerkte, 32 Seiten gefüllt haben. Das Exemplar, das Meyer besass, schliesst wie das mir vorliegende mit Hormino und hat darunter das Anfangswort des folgenden Blattes: Jar; von da an hat jemand in genau so viel Zeilen, als die gedruckte Tavola hat, die Fortsetzung auf 8 leeren mit eingebundenen Blättern aus einem andern Exemplare abgeschrieben. Es ist doch ein sonderbares Spiel des Zufalls, dass bei der grossen Seltenheit dieses Buches das Meyersche Exemplar und das .Hamburger gerade auf gleiche Art unvollständig schliessen. Warum aber Meyer, der sonst in bibliographischen Angaben so exact ist, nicht angab, dass die Tavola unvollständig sei, kann ich mir nicht deuten. Ich glaube nicht, dass Seguier das Exemplar mit den Abbildungen auf zwei Tafeln gesehen hat, sonst könnte er dessen Format, das deutliche Bogenbezeichnung besitzt, nicht Duodez nennen. In dieser Ungenauigkeit folgte ihm Graesse im Trésor de livres rares et précieux. Dresd. 1859 B I 131, B, und Pritzel im Thesaurus gibt gar der Quartausgabe die Abbildungen. Wenn Graesse sodann in Betreff der viel besprochenen lateinischen Ausgabe sagt: il en existe une traduction latine infiniment rare: Aloysii Anguillara de Simplicibus lib. I c. notis Gasp. Bauhini Bas. Henr. Petri 1593. 8°, so folgt er, wie auch Meyer, Pritzel, Haller, Merklin, Seguier, Tournefort der Angabe von Jo. Geo. Schenckii biblia iatrica sive bibliotheca medica etc. Francofurti 1609: hunc cl. D. Bauhinus Basil. Anathomicus et Botanicus, latinum fecit, notis et scholiis adornavit. Nur Du Petit Thouars steht ihnen entgegen mit seiner Behauptung, das Buch wäre lateinisch nie gedruckt worden. Ich selber möchte ihm beistimmen; denn wäre das Buch wirklich gedruckt worden, nicht Manuscript geblieben, so wäre desselben doch wohl Erwähnung geschehen in den „Nomina Authorum, quorum opera usi sumus" vor Bauhins Theatrum botanicum. Dort aber lese ich in meinem Exemplare von 1671 nur: Aloysius Anguillara horti Patavini tertius in ordine praefectus, de plantis suam sententiam diversis communicavit: opusculum in partes 14. divisum, opera Johannis Marinelli italicè prodiit (additis⸮duabus figuris Chamaeleontis et Sedi arborescentis) Venetiis 1561. in 8°. Er erwähnt also weder der lateinischen noch der Quart- noch der Duodez-Ausgabe.

Zu diesem bibliographischen Theil der Vorrede will ich hier noch hinzufügen, dass ich Oribasius meistens nach der neuen französischen Ausgabe von Bussemaker und Daremberg, bis jetzt 4 Bände, nur selten nach der Sammlung von Stephanus citirte. Wurde bei einem Citat nicht die Zahl des Bandes angegeben, nur die Seite und Reihe, z. B. ἀλόη 596, 20, so bezieht sich dies auf die dem vierten Bande von pag. 542 an in kleinem Druck hinzugefügten ἐκ τῆς βίβλου Ὀρειβασίου τῆς πρὸς Ἰουλιανον τὸν βασιλέα ἐκλογαὶ βοηθημάτων von einem bis jetzt unbekannten Byzantiner.

Als Pseudo-Oribasius citirte ich der Kürze halber die in der Physica Hildegardis etc. und im Experimentarius Medicinae vorkommende Schrift: Oribasii de simplicibus libri quinque. Aus Oribasius selbst ist aber nur das 4. aus 238 Capiteln bestehende Buch genommen und zwar aus dem 2. Buche der Euporista. Das 5. Buch mit 201 Capiteln ist ein unvollständiger häufig interpolirter häufig unrichtig übersetzter Dioscorides; das 1. Buch ein Excerpt aus dem vermeintlichen Apulejus Platonicus de virtutibus herbarum. Woher das 2. und 3. Buch stammt? Meyer II 270 meinte: „vielleicht ist es der Ueberrest eines längst verlorenen Werkes, das denn doch einige Aufmerksamkeit verdient". Es wäre nicht unmöglich, dass beide aus einem griechischen Werke irgendwie abstammen, denn die meisten Capitel beginnen mit einem eigentlich griechischen Worte, das durch den gewöhnlichen Zusatz hoc est oder id est ins Lateinische oder Deutsche übersetzt wird, wobei manches sonderbare und sehr beachtenswerthe vorkommt, wie: Palmarum Thebaicarum vel Nicolaorum poma; Hyoscyamus, hoc est, Nigar, alii Symphoniacam vel Calicularem vocant; Dictamnus s. i. Pileus Martis; Polygonorum genera sunt quatuor: Sansur, quod et Sanguinaria dicitur, Centinodia, Orion, Heliclicum; Artemetia, hoc est, Gibber u. a. m.

Die verschiedenen Autoren in der Sammlung von Ideler: Physici et medici minores citirte ich meist ohne ihren Namen, nur nach Band Seite Reihe jener Sammlung. Ueber das handschriftliche Material, das er nicht näher angab, vergleiche man Daremberg Notices et Extraits des Manuscrits médicaux etc. Paris 1853 p. 22, 31, 60, 61, 146, 153.

Von Joannes Actuarius benutzte ich für: περὶ ἐνεργειῶν καὶ παϑῶν τοῦ ψυχικοῦ πνεύματος καὶ τῆς κατ' αὐτὸ διαίτης die Ausgabe von I. F. Fischer Lips. 1774, für seine andern Werke die Ausgabe von Stephanus.

Die ersten 8 Bücher des Aëtius Amidenus citirte ich nach der griech. Ausgabe Venet. 1534; die andern nach der lateinischen Uebersetzung von Cornarius in Stephanus Sammlung oder nach der wegen ihres Commentares für Botaniker brauchbarsten ex officina Godefridi et Marcelli Beringorum Lugd. 1549.

Die 241 Verse des Benedictus Crispus citirte ich nach der nicht ganz correct gedruckten Ausgabe von Ullrich. Kizingae 1835 mit Berücksichtigung von Renzi in der collectio Salernitana I p. 54 fg.

Die Zahlen bei Esculapii de Morborum etc. beziehen sich auf die Paginatur in Physica Hildegardis etc., bei den Geoponica auf edit. Niclas IV tom. Lpz. 1781, bei lib. Kiranidum auf edit. (Lips.) 1638 (Andr. Rivini), bei Marcellus Empiricus auf die Sammlung in Stephanus, bei Nicolaus Damascenus auf die Ausgabe von E. Meyer Lps. 1841, bei den libr. Dynamidiorum auf A. Maï tomus VII classicorum auctorum e Vaticanis codd. editorum Romae 1835.

Bei Paulus Aegineta bediente ich mich der griech. Ausgabe Venet. 1528 in aedib. Aldi et Andr. Asulani, der von Joannes Guinterus Andernacus Venet. ap. Hier. Scotum 1567 und der in Sammlung von Stephanus mit den Dolabellae in Paulum Aeg. von J. Cornarius.

Von Salmasii exercit. Plinianae benutzte ich die Ausgabe von 1689.

Bisher habe ich noch keinen Grund auffinden können, warum Du Fresne von den Synonymen bei Dioscorides nur einen Theil aufgenommen hat. Er benutzte nach seinem Index Autorum die Ausgabe von Jan. Ant. Saracenus und nach Praefatio XV die zweite Aldina von 1518, welche der gelehrte Arzt Hi. Roscius aus Padua besorgte, und die durch das dem N. Leonicenus zugehörige besonders gerühmte Manuscript von der ältern Ausgabe von 1499 fol. bedeutend abweicht. Statt der 48 Blätter mit Text und Scholien des Nicander hat diese 2. Ausgabe von fol. 231— 235 das hier zuerst gedruckte und auch von Du Fresne fleissig benutzte Bruchstück ἀνωνύμου ποίημα περὶ βοτανῶν, das nach der nur an wenigen Stellen emendirten Bearbeitung von J. Rentorf in Hamburg (in Fabr. bibl. gr. ed. vet. II 629) aufs sorgfältigste Sillig bei Choulant's Macer Floridus Lpz. 1832 S. 195—216 bearbeitete; es steht auch in Didot Poetae Bucolici I 169 fg. Aus welchen Zeiten überhaupt die Synonyma in den Werken des Discorides stammen, von welchen ἀντιφράζοντες oder γράψαντες τὰς ὀνομασίας τῶν φαρμάκων (Galen. ed. Kühn XI 793 XIX 105) entnommen, und durch wen sie seinen Büchern eingefügt wurden, ist bei der noch so mangelhaften Zusammenstellung des gesammten kritischen Apparates zu Dioscorides nur selten zu erfahren. Il reste ensuite, heisst es in Oeuvres d' Oribase par Bussemaker et Daremberg T. I pag. XXII, à établir une synonymie aussi rigoureuse et aussi complète que possible par les dénominations des substances décrites par Dioscoride. Son ouvrage sur la matière doit être considéré comme la source première de tout ce qui se trouve dans ses successeurs sur les médicaments simples; c'est donc pour ce traité qu'il faut réserver les commentaires les plus étendus, les notes les plus nombreuses, et ne donner, pour les traités analogues des autres auteurs, que la conférence des lieux parallèles. Bisweilen fügte Du Fresne noch, und diese Bezeichnung habe ich dann in meinem Index wiedergegeben, die Namen der Völker bei den Synonymen hinzu, bei welchen Dioscorides sollte die Namen der verschiedenen Pflanzen gesammelt haben. In seiner Gesch. d.

Bot. II 105 gibt Meyer ein vollständiges Verzeichniss derselben und pag. 116 ein anderes der citirten Schriftsteller, von denen aber im Glossar nur die aufgeführt werden, die uns als botanische Nebelflecke erscheinen: Zoroaster, Pythagoras, der Magier Osthanes (vgl. Plin. XXX, cap. I sect 2), und die Propheten (d. h. eine Klasse aegyptischer Priester, wie sie u. a. bezeichnen Clemens Alex. stromat. VI, 4 §. 37, Porphyr. de abst. 321, Aristid. orat. III 553, Macrob. Saturn. VII, 13).

Bei den andern hier nicht speciell erwähnten Schriftstellern gab ich mit Ausnahme der allen bekannten die Citate so, dass Zweifel beim Nachschlagen nicht entstehn werden.

Da eine Ausgabe des Simon Seth mit vollständigem hand-schriftlichen und exegetischen Apparate von mir in wenig Monaten erscheinen wird, so habe ich mir erlaubt bei einigen Pflanzenfamilien auf sie zu verweisen, um hier, wo es sich besonders um Aufstellung bestimmten Materiales handelte, nicht zu weitläuftig werden zu müssen.

1. Mimoseae R. Br.

2. Acacia arabica W.

(Salmas. exercit. Plin. 375. Lenz Bot. d. Gr. u. Röm. 218. 221. Mcyer Gesch. d. Bot. II, 18. 167. 298. u. bot. Erläut. zu Strabo 79, 98 fg. Fraas 65. Diosc. I, 127.)

κόμι, κομίδι, Comidi, κομήδην, κομίδιον, κομίδιον ἀραβικόν, κομίδη ἀραπικόν, κομμῆδι, κομμόδι, κομμύδι, κόμμι,

(Oribas. B. IV. 614, 23. 544, 25. 595, 16. 555, 20. 27. 595, 24. 551, 9. κόμμι ἀραβικόν 596, 26. vgl. Lobeck Phryn. 288. 289. Paralip. 4. 200), γουμοῦκα, Karabe, γοῦμα, γοῦμμα, (bei Theod. Prisc. ed. 1544 p. 86, D. und gummi album alexandrinum 100 C.), δενδρόκολλα, ὑδροκόμμιον? ἐλχάρδ, χάνταρ.

In den Voyages d'Jbn Batouta I. 223 u. 238 genannt Omm Gailân.

2. Caesalpineae R. Br.

4. Tamarindus.

(Meyer III. 68.)

βελφηνικήα (cf. 6, 3), τεμαρέντι (cf. 230. 22.)

5. Cassia lanceolata Lam.

ζινόφυλλον? (Sprengel hist. rei herb. I. 218.) zenae folium?

Cassia fistula L.

γλυκοκάλαμος, λωτός, μυρόλωτος.

Fuchsio est medulla fistulae Cassiae (Salmas 124 u. de hyl. hom.)

3. a. Moringa aptera Gaertn.

(Berg Pharmacognosie 459. Rosenthal Synopsis 1048. Leunis Synops. 285. Sprengel hist. rei herb. I, 378. Fraas 66. Diosc. I, 26. 27.)

μπέ ἄλμπε, μπέ ρούμπιε, ἀρμοδάκτυλα, ἑρμοδάκτυλος, Ἑρμοῦ δάκτυλος (cf. 9, 5.)

Simon Genuensis: Behen vel Behemiir est radix quae de Armenia defertur et est de eo album et rub. Ruellius 392 s. v. Helenium: omnes officinae utrumque (sc. candidos et purpureos) demonstrant behem appellantes. Salmas. 930, b, E. Charitoni πεχέμ quod aliis behen.

4. Papilionaceae L.

I. Anagyris foetida L.
(Diosc. I, 494. II, 565. Fraas 64.)
ἀνάγυρος, ἀναγυρίς, ὑπερστρόγγυλος (cf. 48, 1).

2. a. Spartium junceum L.
(Fraas 50. Meyer bot. Erläut. 8. anders Leunis 453.)
σπάρτον, σπάρτη (in Schol. Oppian. wo edit. Didot. 338, b, 44 statt κείγου steht: κύρτου?)

3. Genista acanthoclada DC.
(Fraas 39. Meyer III. 300.)
διάξυλον, ἀσπάλαϑος (Diefenbach Orig. Eur. 235.), ἀσπάλανϑος, ἀσπάλατρος, ντερσισάν.

8. Trigonella foenum graecum L.
(Fraas 63. Diosc. I, 243. Schiller zum Thier- u. Kräuterbuch I, 20. Meyer III, 66.)

τῆλις,	τίλις,	τύλη,	βααν϶έμιστον,	μοσχοσίταριν,
βουκέριν,	αἰγόκερον,	κάρφος,	ξεροχόρταρον,	ξερόχορτον,
σαρμός,	χούλπεν,	χετίκερον,	γιδίκερον,	σανός,
σανόν,	χλοή,	νοκερία,	νακερία,	καλικερέα,
καλλικρέα,	καλίκερις,	καλλιγαρία,	καλικερής,	ράκανϑον,
βοανϑέμητον,	cornu,	βοάν϶εμον	(Nicand. fragm. 74, 38 Schn.	

9. Melilotus. ?
(Fraas 60. Diosc. I, 388. Oribas. IV, 593, 28. 559, 5. 10. 556, 6. 567, 26. 562, 8. 576, 6. Aesculap. ed. 1533. p. 30. D.)
καρτζαμίδα, καρδαμίτζη, μελίλοτα, μελίλωτον, μελήλοτον, ἐλχίλ, ἐλιλέα μύλιξ, ἐλχούλ, ἐλχρύβ, ἐλχία, ἀκλιμελίκ (in nabath. Landwirthschaft. Jbn Alawwâm 140. Iklil almalik), ἀκληλουάρδι, οὐαρδελουούβ, νυχάκην.

Bei Marcell. Empir. ed. Steph. steht c. 22. p. 342. E. Melilotus, quod a nobis Sertula campana dicitur.

12. c. Psoralea bituminosa L.

(Fraas 62. Diosc. I, 458. II, 543. Heldreich Nutzpfl. Griech. 80. Meyer I, 309. Anm.)

λισσομάμουδον, ἀσφαλτίτης, τρίφυλλον, (τρίσφυλλον Nicand. Ther. 520.) λυσαμαμούδιν, ἀσφάλτιον, λυσσαμάμουδον, κανθαρίς, ἀπούριος, τρίουλον, ἀσφάλτη, κίφιρε, cifeberat, cifelot, ciforium, μπαρτοῦλα, γαράκαντα κούκ, βησαοιδή, ψευδοπαθές, μινυανθές.

13. Glycyrrhiza glandulifera Kit.

(Fraas 57. Diosc. I, 346. Isidor ed. Otto XVII, 9, 34. glycyriza. Oribas. IV. 554, 3. 562, 16. 565, 9. 558, 32. 552, 3. 577, 17. 553, 28.)

ποντική, πενταόμοιος, ἄδιψος, ὁμοιονόμοιος, σκύθιος, σύλιτρα, πιπαντίστη, ῥούσους, λεοντίκα, κουλήτρια, γλυκύρριζα.

19. Astragalus Poterium Pall.

(Fraas 60. Diosc. I, 358.)

ποτήριον, ἀκίδωτον.

20. Coronilla securidaca L.

(Fraas 57. Meyer III, 494. Diosc. I, 477. Geopon II, 43.)

πελέκι, ἡδύσαρον.

22. Ornithopus compressus L.

(Diosc. I, 614. II, 631.)

δαμναμέτη, ἀρχαρᾶς, ἀρχερᾶς (cf. δαμναμένη 174, 15 a.).

25. Onobrychis. Tourn.

ὀνοβρόχειλος, βριχιλατά, ἀνιορσιζέ, ἐσχασμένη, Opaca.

26. Cicer arietinum L.

(Fraas 55. über Cicer erraticum Meyer III, 499.)

τριχοβότανον (cf. 251, 9.), ἀμπουσαλάτην, ὄμφαρ (cf. 174, 35 a.), κριός, ῥέβιθος, ροβίθι, ῥέβυνθος, ρεβύνθιον, ὀρόζινθος (gleich ἐρέβινθος Diosc. I, 245 oder gleich ὄροβος, ὀρόβινος ib. 251. ?)

Ueber Lipsiani in Pseudo-Gal. de simpl. ad Patern. 86, 3. vgl. Meyer III, 494. Cicer italicum im Capitular Karls des Grossen = Cic. ariet. Was ist σίστρον Arist. 846, 34. Plut. de fluv.?

27. Vicia faba L.

κοκία,   κούκι,   κουκίον,   κυκιολαία,   βαβούλια,
κυβώριον, πισσάριον, ἀλευροφάβαν, χλωροκούκι,   σαουνίζ,
σενουνίζ, φάβα,   κύαμος,   κιβώριον (Nicand. fragm.
p. 115 Schn.)

Ueber die faba im Capitular Karls des Grossen vgl. Kerner
Flora d. Bauerngärten in der zool. bot. Zeitschr. Wien B. 5, 816;
die in der Anm. aufgeworfene Frage wegen majores beantwortet
Meyer III, 411 durch „Gartenbohnen". Was in den von Maï
edirten libris Dynamidiorum „Horminum i. e. faba" pag. 405 be-
deutet, ist noch unerklärt.

Vicia cracca L.|
χόρτος, βικία, βίκιον, ἄρακος, λατούρια, βίκος.

Vicia Ervilia L.
(Meyer III, 83. de Lagarde ges. Abh. 59.)
ῥόβιν,   καρσέναι, ʹ καρσύνε, ὀροβοάλευρον, ῥοβάλευρον,
ἀγριαγγουρέας, ὀρβός.

28. Ervum Lens L.
πικνάδες.

29. Pisum sativum L.
(Fraas 52. Diosc. I, 245.)
μπίζι, πίσον, αὖκον, γλυκοκούκκιον, λαθήρια.
Ueber Pisi Maurisci im Capitular vgl. Meyer III, 407.

30. Lathyrus Cicera L.
(Fraas 52.)
ἀρακάς, ὠχρός (ὦχρος Theophr. h. pl. 4. 2. Oribas. I, 572.
ὤχρα II. 579, 4.), ὠχράς·

32. Phaseolus vulgaris L.
φασίν, λουβίον, ὀροφάσουλον, δολοχός, λόβος·
Visela bei Hildegard p. 11. φάσηλος Oribas. I. 297, 13.
Fasiolus Theod. Prisc. 235.

33. Lupinus hirsutus L.
(Fraas 51. Diosc. I, 252.)
μοσάρινον,   βρεχοῦ,   θερμός,   γλύπιον,   λουμποῦνι,
λουπινάριον, λουπῖνος, λουπηνάρια, λουπηνάροια.

6. Amygdaleae Bartl.

1. Amygdalus communis L.
(Fraas 66. Heldreich 67. Meyer III, 85. Ermerins Aretaei
opp. p. XXIX, 18.)
γρανόκοκκα.
Aurel. Opilius bei Macrob. II. 14. 15. „griech. Nüsse".
Isidor. ed. Otto lib. 17, 7, 23 Uva longa. Oribas. IV, 558, 36.
586, 29. 549, 24. 554, 33. 564, 24. 559, 19. 542, 9. 553, 6.
552, 3. Capitular. Amandalarii. Ideler phys. et medici minores I.
416, 16. 424, 14. 409, 24. 425, 20. 181, 1. 208, 181. 366, 24.
Daremberg notices et extraits Par. 1853 p. 21. Aesculap. 68, C.
Theod. Prisc. 243, B.

2. Persica vulgaris Mill.
(Heldreich 67. Fraas 67. Jan. Cornar. ad Paul. Aeg. I, 81.)
ῥαδακιναία, ῥοδακινέα, ῥοδακινιά, περσέα, Aracano,!
ῥοδάκινον, οὐτούτζ, τουρίτζ, μηλέα περσική.

3. Prunus armeniaca L.
(Fraas 69. Heldreich 88.)
ζαρταλοῦ, ζαρζαλοῦ, ἀρμένια, ἀρμενιακά, (Actuar. bei Ideler I.
365, 9. Armoniaca bei Pseudo-Oribas. 160, C.)
βράβυα (cf. Prunus institia), δαμασκηνά (Daremberg 140, 2.),
βερικοκκία (cf. Mahn etym. Unters. auf d. Gebiet d. rom. Spr.
p. 49 u. 113.) πραικόκια, πρεκύκκιον, προκόκκια, βερέκοκκον,
βερίκωκον, βερύκοκκον, βερίκουκα, βερίκοκα, κοκκόμηλα (Ideler I.
69, 6. κοκκίμηλα II. 268, 23.), μῆλον κόκκυγος, μηλέα ἀρμηνική.
Harmoniaca bei dem lat. Uebers. des M. Psellus p. 18 u. 22.
Muniacus bei Petr. de Crescentiis cap. 15; ital. Meliaco.

Prunus domestica L.
(Fraas 69. Heldreich 68. Polack Beitr. zu d. agrar. Verhält.
Persiens in Mitth. d. k. k. geogr. Ges. Wien B. 6. p. 137.
Meyer III. 61. 76. 407.)

ἀμάδρυα,	μάδρυα,	ἀντζιάς,	ἀλουτίζ,	ἀλού,
βελφηνικήα,	ὀσιφινικήα,	ὀσιφινίκια,	προῦνα δαμασκηνά,	
βράμηλα,	ταμαρόντι,	ταμαρεύτη,	προυνέα,	προυναία,
μυξάρια.	μπροῦνα,	προῦμνον,	οὖζος,	μοῦσκλα.

Prunus institia L.

(Meyer III. 529. Fraas 69. Heldreich 68.)

κορόμηλον, κοκκόμηλα ἄγρια.

βράβυλα ἄγρια bei Ermerins Aretaei opp. pag. 205 mit Citaten.

Prunus cerasus L.

(Fraas 68. Heldreich 69. Meyer III. 66. 80. 403.)

ξυλοκερατία, ξυλοκέρατον, μαράσκιον, κερασία.

7. Spiraceae Kth.

1. Spiraea filipendula L.

(Meyer III. 533.)

κερασκόμιον, οἰνάνϑη (Fraas 109, dagegen Diosc. II, 548 Pedicularis tuberosa), φιλιπέδουλα.

Anguillara p. 222: Filupendula. Ancora questa è nota, la qual voce è usata da Trotola, e parimente in Galeno, se que' libri sono, pur di lui: hoggi in Soria si chiamo Antula.

8. Sanguisorbeae Lindl.

3. Poterium spinosum L.

(Fraas 78. Heldreich 67. Diosc. I, 514. Salmas. 909, b, G.)

στυβάλιον, στοιβή, στοιβίς, στοιβίον, στίπα.

9. Rosaceae Spenn.

2. Rubus idaeus L.

(Fraas 76. Diosc. I, 533. Heldreich 66.)

μώρκια, μινώ, minon, σιάκιον (? Simon Genuens. Siakion gr. rubus silv. et batos; Matth. Silv. siakon gr. cubus batos.)

Rubus tomentosus W. varietat.
    a) genuinus Grieseb.
    b) amoenus Port.

(Fraas 77. Diosc. I, 533.)

μαντεία,   αἶμοος,   ἄμετρος,   ἀσύντροφος,
αἷμα ἴβεως,   βάτινον,   χαμόδενδρον,   σελινορίτιον.

Ueber κολύμβατος vgl. Meyer I. 309 Anm.

3. Fragaria vesca L.

(Fraas 77. Heldreich 66. Meyer II. 410.)

φράουλε, φράγουλε.

Fraga im Text des Apulej. fehlt aber in dessen Breviarium.

5. Potentilla reptans L.

(Fraas 78. Diosc. I, 536. II, 592. Anguillara 226. Ueber das Wort Potentilla vgl. Zeitschr. f. d. ges. Naturw. v. Giebel B. 23, 420 Anm. Anonym. de herbis ed. Didot 170, 40 fg.)

καλλιπέταλον, ξυλόλωτον, ξυλοπέταλον, ὄνυξ ἴβεως, πεμπέδουλα (Diefenbach Orig. Eur. 395), πτερὸν ἴβεως — χήρουα, χερούα, ὀρφιτεβεώκη, πενταδάκτυλον, πεντάκαινον, πεντάτομον, quinque-folium (Meyer II. 410), ψευδοσέλινον, πενταπετές, προπέδουλα (Diefenbach 396), χυδρώνα, χύρωνα, φαντζακούστ, Ἑρμοῦ δάκτυλος (cf. 3, a), Ἑρμοῦ βοτάνη, ἐντζήτ, λεπλές, Ἑρμοῦ βασίλιον, ἰντέμ?, χερούζα?, ἰμπεχεμπεοῦ μπεί?

7. Agrimonia Eupatoria L.

(Fraas 78. 208. Diefenbach Orig. Europ. 365).

γάφετ, γιάφετ, πεντάφυλλον, εὐπατόριον, πατώριον, φονέας, ξυνίδα, πενταπέτηλον (Schol. Nic. Th. 938).

Pseudo-Galen de simpl. ad Paternian. 80 D. „Argemone . . . hujus radicem Graeci Eupatorium dicunt." Agrimonia bei Macer Floridus p. 55 und bei dem, der ihn in die dänische Literatur einführte, bei Henrik Harpestreng, im Yrtebook lib. I. No. 12. Bei Hermes Trismegist. kommt noch ein sonst unbekanntes Synonym „Dactylum" vor.

8. Rosa L.

(Fraas 74. Lenz 691 fg. Westermann Unterhalt. aus d. alt. Welt p. 37 fg. Langguth antiquitates plantarum feralium Lpz. 1738 p. 62. Meursius Arb. Sacr. p. 100. Meyer III. 88.)

ἐλουρί, τριαντάφυλλον, τριακοντάφυλλον, τριαντάφιλο, τραντάφυλλον πρέμνον, ἐλουάρ, κολιμήστη (τὸ αἰγύπτιον ῥόδον Prosper Alpinus rer. Aegypt. p. 19.), ἀγσάν.

Bei Albertus magnus ist Bedegar unsere Rosa rubiginosa, und Tribulus unsere R. canina; in den libris Dynamid. ed. Maj p. 418 ist Rosa germanica völlig unerklärbar; für Rosa asinaria ibid. 443 hat Apulejus wenigstens Rosa fatuina.

10. Pomaceae Lindl.

1. Crataegus oxyacantha L.
(Fraas 70.)

βερβέρης, βέρβερις, ὀξυάκανϑος (Myreps. ed. Steph. 791. A: Berberis, h. e. oxyacantha.) Bei Hildegard 53. ist Tribulus = Crataeg. ox., denn die Gloss. Hamburg. hat Tribulus, Hiffa, Hieffaldra, Hiephalter; das ist nach Benecke mitteldeutsch. Wörterb. die Hagebutte. In dem liber climatum von El Isztachri, deutsch v. Mordtmann ist p. 131 Tabrechun wohl gleich Crataegus sanguinea, vgl. Tabulghu bei Ritter, Erdkunde VII, 736.

3. Mespilus germanica L.
(Fraas 71. Kerner 820. Heldreich 65.)

σοῦρβα, σοῦλβα (Sorbae in Pseudo-Oribas. 100. C.), μέσπηλον, μέσπιλον, μέσφιλον, μούσπουλον (neugr. auch Frucht von Eriobotrya Japonica Lindl.), ῥικέα, ἐπιμελίδα, (ὑπομηλίς Pallad. 12, 4. ἀμαμηλίς, ἀμ. Athenaeus), ἀρονία, ἀρωνία, ζαρούριον, ζαρόρ, βόπολον, βοπώλη, τριόκοκα, τριόκοκκα, τρίκεα, βέσπουλα, νεσπολίαις, νέσπουρα, νεσπουριά (im XVI. Jahr. deutsch Nespelbaum), zarur, zarurum, trigonum, trionum, tricoctum.

5. Pyrus Malus L.
(Fraas 83. Kerner 819. Lenz 685.)

λαγηνάτα, πορινόν, ὀπωρινόν, παρλύειδον, ἀγριομάλη, ἀγριομελέα (hod. ἄγρια μηλεά (Fraas 74).

Pyrus communis L.
(Fraas 73. Diosc. I, 151.)

δαμασκηνάπιδόμηλα, ἀμρούτ, ἀμρού, ἄπιον (Daremberg 140), ἀπίδια, ἀπήδια (Ideler I. 414, 15. 2; 416, 13; 423, 13), ἀγουσάτα.

Pyrus salicifolia L.
(Fraas 20. 72. 73. Diosc. I, 151.)

ἀμπούδιν, ἀχλάδα, ἀχράς (Salmas. 675, a, E. F.)

6. Cydonia vulgaris Pers.
(Fraas 74. Ruell. lib. 1. 72 hat alle Species aufgeführt. Heldreich 64. Kerner 821.)

στρουϑόμηλον, στρουϑία (Columella 5, 10, 19 Cyd. struthium), κυδώνια, κυδόνη, κυδωνοκουκούτζα, σιδόνιον μῆλον, κοδόμαλον, κοδύμαλον, ὀχά (cf. dagegen Oca, Ocalib bei Matth. Silv. Ueber occhi bei Plin. cf. Sprengel hist. rei herb. I. 205 === Hedysarum Alhagi), ἀμπή, μιβελέται, λαγακαπή, — ἀμπηχιντί, σαφαρντζηάλ (Safargal nabath. Alawwâm 108. 133. 328), ἀγγοπτάν?

Bei Albertus Magnus: Coctanus u. Citonius.

8. Sorbus domestica L.

(Fraas 71. Heldreich 65. Kerner 819.)

σοῦβρον, οὐον, σουρβία, μιμαίκυλον, ὁροσταφίς.

In der nabathaeisch. Landwirthschaft: Gobeirâ.

Sorbus Aria Cr. var. graeca Loddig.

(Fraas 71. Heldreich 65.)

ἀκιλάκα (auf Kreta, jetzt ἀσίλακας), ἀρία bei Theophr. und ἀριά hodie wird wohl besser auf Quercus Ilex L. bezogen (vgl. Heldreich 17). Schon Ruell. p. 168, 43 war für eine Cupulifera.

11. Cassuvieae R. Br.

1. Anacardium.

(Meyer III. 483. Salmas. 742, a; hyl. iatr. 215, b; Sprengel hist. rei herb. I. 375, 293.)

ἀνακάρδιον, ἰσοκάρδιον, κάρδιον τὸ μέγιστον, βελέδωρ, παλαδούρ.

Simon Genuensis: Anacardus puto gr. est fructus arboris qui et pediculus elephantis a quibusdam vocatur, ara. dicitur beladhar. Matth. Silv. Beladur vel Belador, id est Anacardus. Ruell 1, 37 pag. 148: Anacardium recentiori Graeciae, nam vetus non meminit hujus; arbor est Indis familiaris; provenit [quoque in Siciliae montibus etc. Anguillara pag. 232: gli Anacardi sono molto ben descritti da Serapione et anco noti à gli speciali; et perciò non ne reciterò più lunga historia. Vgl. ζαδόαρ 218, 3.

4. Pistacia vera L.

(Heldreich 59. Fraas 83. Diosc. I, 156.)

πιστάκια, φιττάκια (Fostaq, nabath Landwirthsch. jetzt in Mesopotam. Fistik), ψιττάκιον, βιστάκια, καυκαλίς.

Pistacia terebinthus L.

(Meyer III, 63. Heldreich 59. Fraas 83. Diosc. I, 94. Isidor 17, 7, 52. Seren. Sam. 589: Tereb. Oricia.)

τερεβεντίνη, τρεμαντίνη, τερέβυθος, τρέμιθος, κυβάσια.

Pistacia lentiscus L.
(Heldreich 60.)
ἐλετχέρ, ἐλέτχαρ? (cf. Fraas 84. 294; Diosc. I, 30. 544.)
6. Rhus coriaria L.
(Fraas 84. Diosc.' I. 138. II. 408. Heldreich 62. Meyer
III. 378. 75. Elenchus simplicium in Ermerins Aretaei opp.)
σούμακα, σουμάκι, ἀπαγοῦδα, ἀμαγοῦδα, βυρσοδεψικόν, ῥό,
ῥουδίν, ῥουϑίν, ῥοῦϑιν, ῥοῦ βυρσαϊκοῦ (hodie βυρσηά),
ῥοῦ σκύτεως, ῥοῦς Συριακός.
Die bei Hildegard p. 18. vorkommende Boncitherus arbor,
in qua Boncitherim crescunt, ist nicht nach Reuss Rhus, sondern
corrumpirt aus poma citrina, also = Citrus medica. Rhus
marinus sive orientalis p. 367 D. bei Marcell. Emp. ist Rhus
syriacus und dasselbe ist bei Theod. Prisc. radix Syriaca und
Ros syriacum.

13. Amyrideae R. Br.

1. Amyris.
Meyer bot. Erläut. zu Strabo p. 131 fg. Fraas 87. Berg
Pharmacogn. des Pflanz. 557 fg. Lassen ind. Alt. I, 290. In
Du Cange lesen wir:
„τριποκαρίδης, τρογλοδήτις, in gloss. iatr. MSS. cod. 190. Graecis τρωγλοδύτης est passer. sed an hic herba aliqua intelligatur
nescire me fateor." τρωγλοδύτης, τρωγλοδυτική nach Salmas. 895 a,
Diosc. I, 79. II, 373 für Amyris; das erste Wort gehört vielleicht
zu καρίδι, καρύδι, καρύα, also zu 198, 3.)

πελασὰν τὸ χμέ, πελασὰν ἀγάτζη, καρποβάλσαμον, ξυλοβάλσαμον,
ἀγάτζη, κάσαπον, κασσάμην, κάσσαμον,
κοκκοβάλσαμον, βάλσαμον, βάρσαμον, κράσαμον,
νέμεχ, ζωγόριτος, ζωγόρητος, σεισέμβερ,
σεησύμβαρ, σεησάπερ, σεησάμπαρ, μούκουλ,
βόχος, μάδαλκον, κουλάζραχ.
    Ruell. nat. stirp. 145, 27 xylobalsamum.
    Simon Genuens. xilobalsamum.
    3. Boswellia.
    (Berg u. Schmidt, offic. Gewächse B. I, XIV, c. fg.)

11

μάνης, μάτη, μάνις, μάννα (245, 1), λίβανος, λιβάνη, λιβήνη, κοκιτροῦν, γιγγύδιον, γιγκύδιον? νιτζόκοκκον.

14. Aurantiaceae Corr.

(Fraas 85 fg. Heldreich 53 fg. Jacobus de Vitriaco hist.
Hierosolym. in (Bongarsii) Gesta dei per Francos I, 2, cap. 85.)
1. Citrus medica L.
(Isidor 17, 7, 8 medica arbor. Hanc Graeci κεδρόμηλον Latini Citriam vocant. cf. Apicius 1, 4, 3. 1, 21. 4, 3, 5.)
κίτρον (pelasg. kitre), μηδικάριον?
Schon zu Galens Zeit (tom. VI, 617 ed. Kühn) war der von
Diosc. gebrauchte Ausdruck μῆλον μηδικόν nicht mehr verständlich, man sagte Citria. Das Synonym bei Simeon Seth κίτρα,
μῆλα ἰνδικά ist noch unerklärt, und werde ich bei der binnen
kurzem von mir erscheinenden Ausgabe dieses Schriftstellers darauf
zurückkommen.
Citrus decumana et Aurantium L.
(Meyer 3, 87. 68. Anguillara p. 72 fg.)
κεδρόμηλον, νεραντζόζουμον, ναράντζι, νεραντζέα (pelasg. nerönze),
νεράντζιον, narancio, παστολέμονον (d. h. sehr kleine runde, hodie
auf Syros), λεμόνη, λαιμόνιον (pelasg. lëimone), λυκονέραντζον
(wohl == γλυκολέμονα von C. Limetta Risso.).

15. Zygophylleae R. Br.

1. Tribulus terrestris L.
(Fraas 83. 125. Diosc. II, 579. Ruell. 778. Anguillara 252.
Lenz 672.)
καναρία ἡ τρίβολος (cf. 70. 2.), oder bezieht sich dies Wort auf
Fagonia cretica oder Trapa natans oder Sennebiera coronopus?

16. Rutaceae Bartl.

1. Ruta graveolens L.
(Ueber den Namen vgl. Mahn etym. Forsch. p. 51. Fraas 82.
Heldreich 63. Günther Zierpfl. d. Alten 24. Seidel über Heil-

mittel d. ersten Heilversuche im Jahresbericht der Schles. Ges. 1853 p. 124. Kerner 793. Diosc. I, 391.)

ἐπνουβοῦ, ῥοῦδα, ῥοόδιν, ῥουϑίν, ῥυτή, χουρμᾶ, πήγανον, πίανον, ἀπήγανον, (hodie auch ὁ ἀπήγανος), ῥοῦτα.

Die von Dierbach bei Apicius 4, 2, 24 übergangene Corona bubula, die Hummelberg als Cunila bubula = Origanum erklärte, gehört dennoch hierher. Schon Matth. Silvat. sagt: Corona bubula i. e. Pigamum, und Simon Genuensis: „Piganō gre. ruta nos pigamum dicimus." Theod. Prisc. 101, B. 237, B. Bei dem sog. Plin. Valerian. steht II. cap. 17 fol. 41, B: Petani (Genetiv) statt Pegani. Aehnlich steht bei Marc. Empir. cap. 22 p. 340 G. Puta sylvestris statt Ruta sylv. Ueber πήγανον de Lagarde ges. Abth. 175.

Ruta montana Clus.

(Elenchus simpl. in Ermerins Aretaei quae supersunt No. 169.)

ἀγριοπίανος, ἀγριοπήγανον, ἀγρόχορτος, τεφεσία, τεφές, τόχμε σαζάτ (dagegen Sadsab bei Jbn Baithâr II. 6 = voriger).

Theod. Prisc. 99, A. ruta sylvestris. Pseudo-Oribas. de simpl. 143, A. nennt sie ruta montana.

2. Peganum harmala L.

(Fraas 83. Meyer II. 192. III. 372. Diosc. I, 391. de Lagarde ibid. 22. 173. 174.)

μῶλι (Diefenbach Orig. Europ. 387), μῶλυ, μώλυα, μόλεον, ἄρμαλα, περσαία βοτάνη, ἀμειλλαλά, βίσσασα, βίσασα, βήσασα, ἀράβλα, χορτοκορόνη, βήρασα, χαρμέλ, Molix.

Matth. Silv. hat Bisace, und schon Simon Gen. sagt: Bisare q. alii armolā vocāt: alii rutā agrestē. Item Alex. ca. de sqnātia idem est harmel alñ bisasa diciľ et ē idē noɱ cū uesasa apud dia. sed corruptū.

17. Diosmeae Adr. Juss.

1. Dictamnus.

(Diosc. I, 378. Anguillara 200. Pseudo-Oribas. de simpl. 229, B. Diptamus.)

κρομιδόφυλλον, ἀρτεμεδήιον, ἐλβούνιον, βελουάκος, μίσχ, ἐπταραμισήρ, μυσκεαραμυστίρ, βελοτόκος, βέτιον, δίκταμον.

Isidor 17, 9, 29. Dict. quidam Latinorum Poleium Martis vocant. Die weitläuftige Beschreibung von Dictamnum 83, A. bei Pseudo-Galen de simpl. ad Paternian. lässt auf Origanum Dictamn. L. schliessen. Seren. Samon. 624. 657.

25. Aquifoliaceae DC.

1. Ilex aquifolium L.

(Fraas 94. Diosc. I, 137. Heldreich 56. Unger Reise in Griech. 137. Diefenbach Orig. Eur. 309.)

πρῖνος, πρινάριον, πρινία, περνιά, ἄκυλον.

Bei Albertus magnus wird sie genannt Daxus (die Ausgaben lesen: 'doxus), was nicht Taxus baccata L. ist, wenngleich er hierauf überträgt, was die Alten von Taxus erzählten.

26. Rhamneae R. Br.

1. Rhamnus.

(Heldreich 57. Unger Reise in Griech. 137. Meyer II. 338. Diosc. I, 114. Lenz 640. Langguth antiquitat. plant. feral. 10. 15.)

ῥάμνος, γυγαία? ἀνϭτήζ, αὐϭήτζα (Ausga in d. nabathaeisch. Landwirth.), ἀτδίμ, ἀταδήμ.

Isidor 17, 7, 59: Rhamnus, vulgo Sentix ursina. Wenn bei Benedictus Crispus v. 150 Pallas nicht Synonym von Palladium, also Leontopodion Diosc. ist, so ist es vielleicht Rhamnus oleoides. Anonym. de herb. ed. Did. 9. 10. 13.

Rhamnus infectorius L.

(Fraas 93. Diosc. I, 125.)

μπεῖλα. ζαχαράζ, χελεῦ, χαυλέν, πυξάκανθον, πυζάκανθον, φαϊλαζαχαράτ (λαντζοχέρι hodie, die griech. Kreuzbeeren, Handelsartikel).

2. Zizyphus vulgaris Lam.

(Heldreich 57. Fraas 94. Meyer III. 68 über jujuber bei Albertus Magnus. Rosenthal Synops. 799.)

ζίζιφον, τζιντζίφο. τζιντζέφρον, ζίζινφα, ζίτζινφα, τζήντζηφα, ζιζυφαία (vgl. Meyer III. 375), σεμπεστέναις, χρυσοελαία, τζιντζιφοζούλαπον, παλαιοβδούλου βοτάνη. So hat

der Cod. Nicolai; dafür ist aber, wie schon bei Myreps. p. 522 D. adnot. ed. Steph. παλιούρου βοτάνης zu lesen und gehört somit zum folgenden.) σηρικά bei Cornar. ad Paul. Aeg. I. c. 81.
Paliurus australis Gärtn.
(Rosenthal 798. Fraas 93. Meyer bot Erläut. zu Strabo pag. 176. Schol. u. Eutecnii Met. Nicand. Th. 868.) παλίουρον, παλιρέα (Myreps. ed. Steph. 437 D. und 400 D.), παλιουρόκοκκον. Druckfehler ist: παλαίου ῥοῦ Paul. Aeg. V. 2.
Zizyphus Lotus Willd.
(Meyer bot. Erl. p. 175. Desfontaines recherches sur un arbrisseau connu des anciens sous le nom de Lotos dè Lybie in den Mém. de l'acad. des sc. Par. 1788 p. 443 fg. — die Quelle aller neuen Abhandl.)
γαράκαντα κούκ, χασέκ, χελεῦ, χαυλέν, λύκιον (Diction. Medic. Hisp.: Lycium, goma o resudacion, de un arbol que se cria en Licia, Llamado Pixicanta, que quiere dezir, espina de box.)

29. Euphorbiaceae Juss.

1. Euphorbia Characias L.
(Fraas 87. Verhandl. d. bot. Vereins d. Mark Brandb. H. 5, 209. Lenz 653. Meyer I. 262 fg. Heldreich 57.)
γαλατζίς, γαλατζίδα, γαλακτίς, γαλατζίδαι (Forskål flor. Aeg. pag. XX. hat γαλλατζίδα == Scabiosa maritima), τιτήμαλλος, τιϑύμαλλος, τιϑύμαλλον, τουτουμάλος, τιϑύμαλον, χαρακία, χαράκιον, γόνος ῎Αρεως, μεζέριο? ᾽Ασκληπίου διάδημα.
Euphorbia spinosa L.
ἵππιον, ἱπποφαές, αὐτογενές, πελέκι, γαλόχορτον.
Bei Marcell. Empir. ist Hippophaes cap. 30. p. 382 F nicht, wie Fée (Comm. zu Plin. 22, 12, 14) will, Hippophaë rham-noides, sondern diese Euphorbia.
Euphorbia retusa L.
(Meyer II. 134. III. 375, 86.)
πέπλος, πέπλιον, ὀξύφορον, ὀξύπουρον, ὀξύπορον, ὀξύπουριν.
Euphorbia chamaesyce L.
χαμαισύκη, μήκων ἀφρώδης.

Chamaesyce bei Steph. Magnet. p. 57 B.

Euphorbia officinarum L.

εὐφόρβιον, ἐφόλβιον, φόλβιον, φόρβιον, φέρμπιον, φιλόλβιον.

Euphorbia Lathyris L.

(Meyer II. 406. Kerner 817.)

λάϑηριν, λαϑήρια, λάϑυρις, χολόκοκκα, χολοκουκία, χολοκοκαία. Hierher gehört auch vielleicht χολοβότανον bei Steph. Magn. 21 A. und Citocatia bei Isidor, Apulej. Plat. und Hildegard.

5. **Excoecaria agallocha L.**

(Diosc. I, 37. Ruell. 147. Lassen ind. Alterth. I. 285. III. 56. de Lagarde ges. Abh. 11. Bot. Zeit. v. Schlecht. 1866. S. 127.) ἀγάλλοχον, ξυλαλόη ἰνδική, ξυλαλά.

Für achelusia ist nach Dirksen (üb. ein in Justin. Pandekten enthaltenes Verz. etc. Schrift d. Berl. Acad. 1843) in Marcianus de delatoribus §. 7 zu lesen agallochum. Simeon Seth ist unter den Griechen der erste, der die genaueren arab. Nachrichten (Aud alhindî) ausführlich mittheilt, s. v. ξυλακότη. Bei Myrep. ed. Steph. 353 steht nur xyloaloe unter anderen antidotis. Garcia ab Horto edit. 1567. T. I, cap. 16 vermuthete schon, dass tarum bei Plin. XII, §. 98, wozu Sillig keine Varianten giebt, hierher zu ziehen sei. Seine Ansicht bestätigt Sanskrit tarunî (Ainslie Mater. med. Indica I, 10) und Humboldt crit. Unters. I, 282 Anm.

7. **Mercurialis annua L.**

(Fraas 91. Meyer III, 376.)

μερκουρίλλα, μερκορέλα, λινοζώστης, ληνοζότζης (Linocostis bei Steph. Magnet. 13 B. ist nur Druckfehler), ὀριτριλλίς, ἄργυρος, ἀφλοφί, ἀφλοφό, ἀσουμές, σκαρολάχανον.

Vgl. Emerins Anecd. med. gr. 303 u. Hipp. alior. med. gr. reliq. p. CXVIII.

8. **Ricinus communis L.**

(Fraas 92. Meyer bot. Erläut. zu Strabo 163. Heldreich 58.)

κρότων, μπανδάτζη, μπαρδάνη, κίκις, αἷμα πυρετοῦ, κικίτο, κῖκι, σίκις, σύσταμνα, τρίξις, (κρείττονες, s. v. τζημούρια ist Fehler statt κρότες == κρότονες, κρότων),

ληβερίς, χίφονα (ἔλαιον πενταδακτύλου; nach Sim. Genuensis ist Pentadactilus == Cataputia major und dies nach Ruell. p. 685,

10 = Ricinus), χέρβα (Chirwa in der nabath. Landwirthschaft 71. 140, nach Ainsworth jetzt Khurva).

14. Emblica officinalis Gaertn.

(Fraas 66. Diosc. I, 645. II. 637. Salmas. 932 a. Rosenthal Synops 840. Ermerins Aretaei opp. pag. XIX. Janus Zeitschr. f. Gesch. d. Medicin I, 368.)

μοσχέλαιον, μουσέλαιον, μουσήλιον, μυροβάλανος, μαυροβάλανον,
δορκαδιάς, ἐλπβέν, πέπουλε, κέβουλε, κέβαλον,
κέπουλον, ἀφλετζίν, μελληλά, χαμβλέτ, χαμπέλ,
χαμπούλ, ῥίαλ ἀμενιγός, χαλιλέν, χαλιλάϊ, ἐλιλέγ,
βελιλέγ, ἔμπλιτζον, ἔμβλικιν, ἔμπληκι, ἔμπλιτζι,ᵌ
ἐμπελιλίζ, χρυσόβαλα. Belletica, Beletzica, Emblicus.
Isidor 17, 9, 84 Myrobalanum. Plin. Valerian. III. 29 fol.
71 D. hat Diosc. I. c. 148 u. Plin. XII. sect. 47 missverstanden.
Const. Afric. p. 345. Steph. Magnet. p. 11 A: Myrobalani citrini sive Chrysobalani flavi dicti. Myreps. 554, a über Cepula.

36. Acerineae DC.

1. Acer creticum (od. obtusatum Kit.)
(Fraas 98. Heldreich 56. Meyer IV. 72.)
σφεντάμη, σπέδουμνον, σφενδάκη, σφένδαμνος, ἀσφένδαμνος.

Der σφένδαμνος bei Strabo XII. 3, 12 im Gebiet von Sinope ist Acer pseudo-platanus, vgl. Koch Beitr. z. Flora d. Orients in Schlecht Linnaea XXI, 314. u. XV, 714; aber bei Dicaearch (nach Meyer Marx bei Gail) obtusatum oder campestre. Bei Petr. de Crescentiis ist Oplus = A. campestre.

41. Sarmentaceae Vent.

1. Vitis vinifera L.
(Diosc. I, 691. Fraas 95. Heldreich 41. Meyer I, 346. III, 83. II. 361. 249 und bot. Erläut. 14. 76. Lenz 578 fg.)
μοσχατέλι, διονυσία, φαυστιανός, κουδοῦλ, ἀγκουρίδα,
ἀγγουρίδα, ἀγουρίς, ἀγκούρ, ὄφακα, φακήτηδα,
ἀσταπίς, ἀμάτ, ἀμπελίκη, οὖον, χαρούρας,
ἀρσενότη, ἀσταφίς. ὀσταφίς, κιχλίδιον, ἀργιάδια,

ἀγρέκαβος, ῥώξ, ῥάξ, ῥάγα, γελίκη, βλάστεον, βλαστάριον, στουράκιον, ναφφάτ, ψαλίδες, λίγγιον, ἡμερίς (Eutecn. Nic. Th. 873).
Ueber βρυττία bei Hesych. vgl. Diefenbach Orig. Europ. 272.

3. Cissus vitiginea L.
(Fraas 98. Diosc. I. cap. 14. Leunis Synops. 401. Rosenthal Synops. 563. Meyer III. 166.)
κουμέης, ἄμωμον, ἄμαμα, χουμέλι, κουμέμαι, Ciforium (κιβώριον Oribas. II. 745, 17).

43. Lineae DC.

1. Linum usitatissimum L.
(Fraas 81. Diosc. I. 244. Heldreich 63. Janus Zeitschr. IV. 2, 271. Meyer III. 49. 82.)
λίνον, λινάρη, λινάρι, λινάριον, ζεραφοῖς, ὑσόπορος, λινόσπερμον (bei Steph. Magnet. 13. B. auch ein Wort, nicht zwei), λινοκαλάμη, ἀμοργίς (Diosc. IV. 612, 12 ἀμοργή), ξυλοκανάβη.
Seren. Sam. 437. 733. Ermerins Anecd. med. gr. 265 setzt statt λιγόκομα „lexicis ignotum", λινόσπερμον.

44. Geraniaceae DC.

1. Geranium tuberosum L.
(Diosc. I. 466. Fraas 82. Anguillara 227. Ruell. 742. Aët. ed. Steph. 759 D.)
γεράνιον, ἰέσκε, πελωνιτίς, ἱεροβρύγκας, γρουίνα.

48. Malvaceae Bartl.

1. Malva silvestris L.
(Diosc. I. 492. Fraas 99. Heldreich 52.)
ἔγκλυστρις (cf. 78, 1), ὑπερστρόγγυλος, χωκόρτη, μολόχη (Eustath. Od. α, 1406), μολόχα, μαλάχη (cf. Schneider zu Nicand. Th. 89), μελοχή, μολαχή, ἄνθεμα, Ζωροάστρου διάδημα.

Malva rotundifolia L.
ἀγριομάλαχον, Cubeze, τεμποράξ, αἰγὸς σπλήν, οὖρα μυός,

χουμπάτου μπαρί, χορμπεραίτ, γλυκάνησσος (cf. 129, 14 u. 31), λουπαζή·

2. Althaea officinalis L.

(Anguillara 223. Aesculap. 30 D. Pseudo-Oribas. 128 D. Theod. Priscian. 66 C. 50 C. Oribas. IV. 593, 24. 582, 20. 626, 18. 559, 9. 625, 29. 562, 2. 37. III. 555, 6. Aurelius de acutis passionibus IV.)

άλθαία, άσπρομολόχη, άλκέα, βύσκος, έβίσκη (ίβίσκος), λεκέμβρα, χατμή, άλθίοκον, όνόθουρι, όνομαλάχη, όνομόλοχος (Vgl. Apulej. c. 39).

Althaea cannabina L.

(Fraas 100. Diosc. I. 494. II. 565.)

κεναουπερί, κεναβάτζα, βάκανον, ύδράστινα.

3. Lavatera arborea L.

δενδρομελόχας.

(hodie δενδρομολόχα, so heisst aber auch Althaea rosea.)

5. Gossypium.

(Lassen ind. Alterth. I. 249. II. 585. 599. Ritter geogr. Verbreit. d. Baumwolle. Abh. d. Acad. 1852. Brugsch in allg. Monatschr. 1854, 631 fg.)

πριαμίσκος, μ.πόμβυξ, μπαμπάκι, βάμβαξ, βαμβάκιον, βομβάκιον, βαμπάκιον, βόμβαξ, βαμπάτζι, βάβηκος, παμβακίς·

53. Tiliaceae Kth.

1. Tilia argentea Desf.

(Fraas. 99. 154. Heldreich 53. Diosc. I. 118. Spreng. h. rei herb. I. 94.)

φυλλερέα, φίλυρα, έλαίπρινος, philira.

Paul Aeginet. ed. Steph. 645 C.

58. Myrtaceae R. Br.

1. Myrtus communis L.

(Fraas 79. Diosc. I. 623. Heldreich 63. Meyer III. 50. 61. Apicius hat durchgehends Myrtha.)

ἀνάγγελος, κεριχία, μέρτη, μερτία (in Kreta μερϑηά), μερ-
σινόκοκκον, μυρτίκοκκα, μυρσινόκοκκον, μοῦρτος, μουρτόκοκκον,
ταφές, κάμβοι.

Bei Albertus magnus tractat. I. ist unter Mirtus sowohl unsere
M. communis als Ledum pal. zu verstehen. Dasselbe findet
statt bei Petr. de Crescentiis III. cap. 17. Mirtus, Mortine. In
Strabo XV, I, 58 ist wohl von einer andern Pflanze unter diesem
Namen die Rede, denn Myrt. com. überschreitet nicht weit das
Gebiet der flora mediterranea.

2. Caryophyllus aromaticus L.

(Meyer Gesch. d. Bot. II. 418. 422. III. 363. IV. 125.
Sprengel hist. rei h. I. 217. Salmas. 743, b, D. Rosenthal Synops.
925. Anguillara 222.)

ἀντοφαλή, ἀντόφαλι, δαρφούλφουλ, κορούμφουλ, κερφούλφουλ,
καρεόφαλον, καρεοφλιά, γαρόφαλα, καρυόφυλλον, καριόφηλον,
καρφούφουλ, γαροῦμφουλ, καρομφίλ, μοσχοκάρφι, μουσκοκάρφι,
ῥοσμαρίν, ξυλοκαρυόφυλλον·

Nicol. Myreps ed. Steph. 369 D: caput caryophylli magni,
qui lingua latina antophyllus cognominatur. Theod. Prisc. 245 B.
garyophylli.

63. Granateae Don.

1. Punica granatum L.
(Fraas 79. Diosc. I. 144. II. 413. Meyer III. 377. 73.
Heldreich 64.)

βαλαούστια, βαλαύστιον, βαλανίδιν, ῥόδια, ῥοΐδεά, ῥούδια,
ῥώδια, ῥοϊσχάδιον, ῥύγδια, γράνατον, ζαρώρ, σίδια, ἀνάρ,
φλοῦστρον, κύστινοι, κύνη, μιάζ.

69. Lythrarieae Juss.

1. Lawsonia alba Lam.
(Fraas 80. Heldreich 63. Meyer III. 362. 69. Anguillara 59.)
χαλχάνα, ἀλχάνα, ἀλχανία, χηνέα, χηναία.

2*

70. Halorageae R. Br.

1. Myriophyllum spicatum L.?
(Fraas 81. Diosc. I. 602. II. 623.)
μυλλόφυλλον, χιλιόφυλλον, ἀχιλλεύς, ἀστὴρ χιλλός, βελιουκάνδας
(Diefenbach Orig. Eur. 253), Bellicorandium.

Anguillara 284: Ho veduto due testi antichissimi di Dioscoride:
in uno si legge nel cap. del Mirioffillo φύλλα πολλὰ λεῖα ἀμαράκῳ
ὅμοια: nell altro in vece di ἀμαράκῳ si legge μαράϑρῳ ὅμοια.
e perciò non so risolvermi. E ben vero, che molte piante hanno
dell' apparente, ma non concludono: e però lasciamolo per hora.

In den libr. Dynamid. p. 443 ed. Maï ist „Myriophyllum
quod et Balastion seu Centifolium" wahrscheinlich unsere Achillea
Millefolium.

2. Trapa natans L. — ?
(Diosc. I. 517. Anguillara 252.)
τρίβολος (Diefenbach Orig. Eur. 329), καναριά, βουκέφαλος,
ἐχινόπους, ἀτρίβολο, χασάχ, χασέκ, ταυρόκερως, ἀχινόποδα (ἐχ.).
Marcell. Empir. c. 26 p. 360 D: Tribolus herba. Oribas.
ed. Steph. 446 D.

73. Crassulaceae DC.

1. Sedum amplexicaule DC.
(Fraas 135. Günther Zierpfl. d. Alt. 21. Diosc. I. 585.)
κόβυσσος (cf. κρόβυσος 129, 5), πετροφυές, ϑεοβρότιον, ἐτιεικελτά, βρότιον, χιμερινή, ἀείζωον (Marcell. Empir. c. 30. p. 386 F.
Lobeck Path. I. 590), ἐγεντίζα, χρυσίσπερμον (cf. 125, 3.).

2. Sempervivum arboreum L.
(Diosc. I. 584.)
ὤνιον,   ἀμβροσία,   ἀμβρωσία,   ἀείχρυσον, ἀείζωον τὸ μέγα,
παμφανής,   παρονυχία,   πρωτόγονον, βόρος,   μερσεώ.

4. Cotyledon Umbilicus L.
(Fraas 135. Diosc. I. 586.)
ὄμφαλος γῆς, κῆπος Ἀφροδίτης, κοτυληδών, στιχίς,
στιχάς, στίψο.

76. Sileneae Bartl.

3. Saponaria officinalis L.

(Fraas 107. Diosc. I. 302. Beckmann, Beitr. z. Gesch. d. Erfind. B. IV. p. 20 fg. Meyer III. 214 fg.)

κάθαρσις, καλαστρούθιν, καλαστρούθιον, οἰνώ, σύρις, κάρδον, χαλλίρρυτον, στρουθίον, μεργίνη. Obwohl Lanaria öfter = Sapon. off., so ist es doch bei Hildegard 33 = Verbascum Thapsus, weil die ältern Glossen es durchgängig mit Vullina übersetzen, und die Syn. Helmstad· noch hinzufügen: Koniggheskerse.

5. Lychnis.

(Diosc. I. 450. Fraas 105. 230 Zeile 8. Anguillara 220.)

στέρις, μαυροκόκιον, μαυροκούκιν, λυχνίς, λιχνίδιον, χουρ-λαντιά, μάλοιον, βαλλάνιον, βαλλάριον, καφαγουίνα, ἀτόκιον, σεμοῦρα, σεμεόν, λαμπάς, σκῆπτρον, ἱερακοπόδιον, τραγόνατον, γερανοπόδιον, ἀκυλώνιον, ἀθάνατος, σαραζηχχουνερούν.

78. Portulaceae Bartl.

1. Portulaca oleracea L.

(Fraas 109. Diosc. I. 265. Heldreich 51. 80. Meyer III. 64; über Halum Diefenbach Orig. Eur. 365.)

τζετζενίκια, τζιτζινικία, ἀνδράχνη, ἔγκλυστρις (hodie γλυστρίδα), τραύλη, ἀγραύλη, ἀντράκλα, χειροβότανον (cf. Meyer III. 377), χοιροβότανον, Impocacla, ἱυροσασία, λάξ, ἔγκλειστρις, μοίμοιμ, μουμουτίμ, ἱλεκρέβα, ἀνώθ, ἀτιρτόπυρις· Bei Marcell. Empir. cap. 20. p. 330 B: Portulaca, h. e. Allium Gallicum ist nach Meyer III. 312 zu lesen: Halum. In Plin. Valer. II. 28. scheint Portagla = Portulaca zu sein. σανδα-ράχης, ἀνὰ in Paul. Aeg. V, 12 muss heissen: ἀνδράχνης ἄνθος.

79. Paronychieae St. Hil.

1. Herniaria glabra L.

(Diosc. I. 599. II. 621. Rosenthal Synops. 696.)

βόριον.

Anguillara 282: Epipactide. J Turchi la chiamano herba dalle Vipere e i Greci Asphelida ..... alcuni la chiamano Centograna e Millegrana.

82. Amarantaceae R. Br.

1. Amarantus blitum L.
(Fraas 232. Diosc. I. 260. Heldreich 24. Kaumann Symbolik d. german. Baukunst p. 25. Günther Zierpfl. d. Alten p. 22. Kerner 812. Meyer III. 533. Anguillara 113.)
βλίτον, βλητόν (Diefenbach Orig. Europ. 258), ῥαδάκνη, ῥαδάχνη, ῥιπλά, ἔγκλυστρις (cf. 78, 1), ἐρούμ, χλωτοριπά, τζετρεκία, τζετζενικαία, τζεγρεκία, βλιττομάμας (cf. γαλομάνα Heldreich 28. 79.).

83. Chenopodiaceae DC.

4. Beta vulgaris L. (cf. 180, 1.)
(Fraas 233. Diosc. I. 265. Heldreich 22. Kerner 809. Lenz 445.)

βέτα,   παζά,   παζιά,   σεῦτλον,   σέσχλο,
σεύτλιον,   σεῦκλον,   σευκλόγουλα, τεῦτλον,   σαλάχ
(Silq in nabath. Landw.)
Beta vulgaris L. culta!
κοκκινογούλια, κόκκινα σεῦτλα, παζά.

8. Atriplex hortensis L.
(Fraas 233. Heldreich 23.)
ἀτριπλεκέμ, πάκαν, πάκαλ, ἀράφαξις, ἀτράφαξις, ὠχεῖ, σαβεά, χρυσολάχανον (hodie auf Creta).
Anguillara 110: l'Atriplice cosi il silvatico, come il domestico è anc' esso nota. chiamasi al presente in Grecia indifferente Atrepsi e Chrisolacano.
Atriplex Halimus L.
(Fraas 233. Diosc. I. 115. II. 398. Lenz 445.)
Ἑρμοῦ βάσις, ἔρυμον, ἀσεαλουρί, ἀσαριφή, ἀσαράφι, ἄσφη, ἀσοντιρί, ἀζοντιρί, Ὀσίριδις διάδημα, ἀσαλοηρί, ἀλβούκιομ, ἀμπελουκιάμ, ῥαβδίον, ἱερὸς καυλός, ἡλυστέφανος, ἁλιματία.

85. Hypericineae DC.

1. Hypericum crispum L.
(Fraas 110. Diosc. I. 497. Ruell 3, 74.)
προδρόμου βότανον, περίκη, ὑπέριχον, σχλήρων, νтατή, νтατηρωμέ — ὁϑόνιον, ὁϑόνα (cf. 110, 3.).
Hypericum perfoliatum L.
(Rosenthal Synops. 749.)
ἀνδροσαίμων.
Hypericum Coris.
(Diosc. II, 568.)
κόρον, χορά, corin.
Simon Genuensis: Coras est spēs ypicō aput serapionem.

86. Frankeniaceae St. Hil.

1. Frankenia pulverulenta L.
(Fraas 113. 138. Diosc. I. 518. 672. II. 579. 641.)
φροχαλίδα, χοῦτνε, ἀετόνιχον, ἀετόνυχον, λιγοφαγούς, λητάσπαρτις, λητωσπαριτίο, σαρξύφραγον, σαρξίφραγος (Lobeck Proleg. 144), σαξίφραγος, σαρξίτραυον, σαρζόφαγον, σανσιφάγιες, σάνσι φαγιές, ἀλλισραγγία, cf. Cornar. ad Paul. Aeg. III, 45.

Anguillara 302: Alcuni chiamano lo Empetro ancora in Grecia Prosfai con voce corrotta da Prasoide, scrivendo Aetio I. che l'E. si chiamava etiandio Prasoide. Auch bei Paul. Aeginet. ed. Steph. 620 E steht: Empetrum sive prasoeιdes; und in jener Stelle des Aët. p. 25 E: Empetrum sive Epipetrum sive Prasoeιdes,

87. Tamariscineae Desv.

1. Tamarix africana Desf.
(Koch's Berl. Wochenschr. 1862 No. 25. S. 199, u. Zeitschr. f. d. gesammt. Naturw. v. Giebel 1862, 2, 273. Fraas 109. Held-reich 53. Meyer bot. Erläut. 79.)
μυρίγκας, μύριγγας, μυρίχη, φάνα, τάρφε, μερσινιά, μερσινέη·
In Pseudo-Galen lib. de simpl. ad Pat. 87. G. Myrice mit der verstümmelten Beschreibung von Diosc.

92. Violarieae DC.

1. Viola odorata L.

(Fraas XII. 114. Diosc. I. 607. Heldreich 49.)

κυβέλλιον,   κυβέλιον, μενεψά, μανεψά,   μαμουσάγκιον, αὐγούστεα,   βιολέτα, βιόλα, βιολατζέα,   χαμεβιολέτα, χαμοβιολέτα, ἰέλαιον, χαμαίιον, ἴον πορφυροῦν, δασυπόδιον, ἴον ἄγριον.

. Die Viola bei Apicius 1, 4, 2 kann eben so gut auch Matthiola incana oder Cheiranthus Cheiri sein.

93. Cistineae DC.

1. Cistus creticus L.

(Fraas 113. Heldreich 49. Seidel üb. d. Heilmittel der erst. Heilversuche im Jahresbericht d. Schles. Gesellsch. f. vaterl. Cultur 1854. S. 122. Lassen I, 282.)

λάδανο, τρωγοπώγων (cf. Diosc. I. 120 Zeile 7. 8.). ᶟHeisst bei Albertus Magnus tractat. I: casus. Bei Plin. Valer. 1, 1, fol. 13 ist Laudanum nicht das Opiat, sondern Ladanum.

98. Grossularieae DC.

1. Ribes.

(Volz Beitr. zur Culturgesch. 171.)

ῥίββε?

Matth. Silv: riben nascitur in monte Libani et est herba frigidissima, de qua legendus est Simon Genuensis. Diese Worte stehen dort aber, wahrscheinlich durch Druckfehler nicht abgesetzt, s. v. Reuz und vor Ribes ap. dia. — Dict. med. hisp.: frutillo rojo, como el de la uba espina: ó el arbor de sabor acetoso. Ruell. 1, 106. Anguillara dagegen sagt p. 230. Il Ribes non conosco, e quelle piante, che per Ribes si dimonstrano, non si confanno al detto di Serapione, se per auuentura non volessimo dire, che il testo sia scorretto. del che non dico altro.

100. Cucurbitaceae Juss.

1. Cucurbita pepo L.

(Heldreich 50. Fraas 104. Meyer III. 361. Kerner 794.)
κολοκύθη, κολόκυθα.

2. Cucumis sativus L.

(Kerner 793.)
ἀγγούριον, ἀγκούριον, σικυά (Lobeck Proleg. 77), σίδ, τετράγγουρον, μπάλ, λιτριδός.

Cucumis melo L.

(Meyer III. 364. I. 374. Kerner 794.)
μηλοπέπων, μπαζουμπαζί, τόχμε χαρπουζά, χειμονικόν, χειμονιακόν, κιτράγγουρο (?)

Cucumis citrullus L.

(Meyer III, 299.)
σαράκινον.

Cucumis colocynthis L.

θύμβρη, χαρχάλην, γαθοῦνος, ζαρκετίδες, γογχυλίδες, αὐτογενές, τουτράστρα, σαμχαντάλ (h'anthal in der nabath. Landw.).

3. Bryonia dioica L.

(Diosc. I. 676. II. 641. Meyer III. 496.)
γοροτζιά, γρότζια.

Bryonia cretica L.

(Fraas 103. Diosc. I. 673. Schol. Nicand. Th. 902.)
μαῖμάξ, ὄφεως σταφυλή, χελιδών, ἀρχίζωστις, ἀρχέζωστρις, χόνδρος, ἀλποχή — πριάδηλα, βουκράνιον, λαοῦθεν, κλῆμα, — ἀχέτλωσις (ἐχέτρωσις Diosc.), βριωνία, βρυωνία, βρυονία, λιβύτζη, ληβήτζη, ὀφιοστάφυλος, μήλωθρον, κέδρωστις.

5. Ecballium officinale N. ab Es.

(Fraas 102. Heldreich 50.)
γρῦνον, κούκουμις, κουκκούμιν, κουσίμεζαρ, φέρομβρον, σύγκρισις, βαλλίς (βαλίς Diosc.), βουβάλιον, σκόπιον, ἀγριάγκουρον, ἀγριαγκουρέα, σικύδιν, αἷμα ἰκτῖνος, ἐλατήριον.

Marcell. Empir. c. 36. p. 405 D: Cucumis agrestis, quam Graeci σίκυον ἄγριον appellant. Oribas. IV. 595, 17. 26. 593, 22. 584, 24. 578, 4. 594, 12. 544, 12. 575, 24. 625, 16.

108. Capparideae Vent.

1. Capparis spinosa L. var. ovata W.

(Fraas 116. Diosc. I. 318. Heldreich 48. Anguillara 120.) ἀλλοσκόροδον, ἐρβαίαϑος, ὀφιοστάφυλον, ὀλιγόχλωρον, κυνόσβατος, κυνόχορος, καρδία λύκου, κάππαρις (Kabar in der nabath. Landw. jetzt nach Ainsworth in Mesopotamien Kibber), Rubus canis, καππαρόριζον.

Marcell. Empir. 23. p. 349 F: Capparis est herba vel leguminis genus (nam Lupino similes siliquas offert), nascitur in locis saxosis. Isidor 17, 10, 20.

109. Cruciferae Juss.

3. Nasturtium officinale R. Br.

(Diosc. I. 271. Fraas 118. Heldreich 45. 81. Meyer III. 73. 375. Kerner 802.) σεσέμ.πριον, σισυμβρύη, σεσήμβριον, νέμεχ, καιναιμμέχ.

Marcell. Empir. p. 287 D: Cardamum, i. e. Nasturcium. p. 345 B: Card. nigr. i. e. Nast. Isidor 17, 10, 17.

10. Sisymbrium polyceratium L.

(Fraas 119. Rosenthal Synops. 637. Meyer II. 337. 295.) δόδορος, δέδωρον, ἐρύσιμον, ἄλφιτον Ἡρακλέως, χαμαίπλιον.

Ueber das nur bei Theod. Prisc. IV. p. 101. vorkommende Cleoma sagt Anguillara p. 176: Ottavio Orati ano nel 4 lib. al cap. 1 parla di un' herba chiamata Cleome, che non è altro, che lo Erisimo volgare, che nasce per tutto, come la sua descrittione il manifesta. Ist das aber so gewiss?

12. Brassica oleracea L.

(Fraas 121. Diosc. I. 262 fg. Heldreich 46. 80. Ueber ῥάφανος cf. Monatsbericht d. Berl. Acad. 1865, 429. Meyer II. 244. III. 82. 84. 403. 408. 536. Kerner 812. 813.)

ἄρμη, λαχαναρμία, κραμβόφυλλον, κραμπόφυλλον, κράμβη, κραμβήτ, κραμπή, κραμπίον, πράσικα, βάκανον (cf. κάναβον Cannabis), Bachanon, κουνουπίδι, σπονδοκράμβη.

Brassica rapa L.
(Fraas 122. Diosc. I. 254. Meyer III. 535.)
γογγόλη, γολγόσιον, ῥάπα, ῥεπάνι.

Brassica campestris L.
(Meyer IV. 159.)
βονιάς.

13. Sinapis alba L.
(Fraas 122. Seidel l. l. dagegen = Sinapis nigra p. 124. Heldreich 47.)
σίνηπι, σινιάβρι.

14. Eruca sativa DC.
(Fraas 123. Diosc. I. 282. II. 469. Heldreich 47. Meyer II. 362. III. 62. 538. Kerner 802.)
ἐϑρεκική, ἀσουρίκ, ἀσουρίμ, ἄρουκα, ῥώκα, ῥοῦκα, ῥόκα, γέργιρ (G'irgir bei Ibn Baithâr 244), εὔζομον, τζαντζήριν, τόχμε κικιρίς, ἀρμάλι, ἀρμάλ.
Eruca bei Seren. Sam. 149 und nach einer Lesart bei Ranzovius wohl auch 404; über das vielleicht keltische Synonym bei Marc. Emp. p. 393 G: Euzomi succus, quae appellatur herba Mentiosa, habe ich in Diefenbach Orig. Eur. nichts gefunden.

16. Farsetia clypeata Br.
(Fraas 118. Diosc. I. 444. II. 536. Rosenthal Synops. 633. Anguillara 217 non vi so nome volgare.)
μονόκαυλον, ἀκκύσητον, ἁπλόφυλλον, ἀσπίδιον, ἀδέσετον.

17. a. Aubrietia deltoidea DC.
(Fraas 118. Diosc. I. 633.)
κορώνιον, σησαμοειδὲς μικρόν.

29. Capsella bursa pastoris L.
(Fraas 119. Diosc. I. 295. II. 474.)
μυόπτερον, ϑλασσίδιον, δασμοφῶν, βίτρον, Ἡρακλέους ἄλφιτον, Scandulacium, καψέλλαμ, πέδεμ γαλινάκεουμ, μυίτη.
In den Glossarien heisst sie Bluothvurtz (anders Grimm im Wörterb.) und Sanguinaria, auch in den Syn. Helmstad. Es kann

auch die Haematostolos herba bei Steph. Magnet. 13 B, lat. herba sanguinaria, gleich Capsella sein, wenn nicht Geranium sanguineum oder Tormentilla erecta, oder hängt es vielleicht mit Haematites (Apulej. de herb. virt. 49) zusammen? vgl. Diefenbach Orig. Europ. 364.

32. Isatis tinctoria L.

(Fraas 121. Diosc. I, 335. II, 489. Lenz 618. Beckmann Beitr. z. Gesch. d. Erfind. IV, 525 fg. Anguillara 182 glasto primo.)

ἀρούσιον, αὐγούιον, παστέλλιον, χαληλέτζ, χαλιλέτζ, ἴσατις.

Ueber Utrum bei Marc. Empir. 346 A. vgl. Meyer II, 315 u. Diefenbach 361, und über die schwierige Stelle bei Steph. Magnet. p. 15 B. Meyer III, 371. 376. Bei Simon Genuensis steht, entnommen aus dem lib. antiquus de simpl. medicina d. h. aus Apulej. de medicam. „sed ab Italis aluta vocatur: nascitur ubique in campis et ortis et locis cultis." Der Standort fehlt bei Apulej. und aus aluta gab Ackermann p. 334 richtig gluta.

34. Raphanus radicula L.

(Fraas 123. Diosc. I, 256. Plin. ed. Sill. B. 8, 496. Heldreich 46 Anm. u. 48.)

πολύειδος ἠριγγίου, ῥαφανόν, ῥέφανος, ῥάπανον, ῥαπάνι, ῥεπάνι, ῥεπάνιον, ϑορφάτ, ϑορφατσάδι, τάρπ, τουρή, τουρίτζ, τρούζ, φαντζή, σπονδοκράμβη.

35. Crambe maritima L.

ϑαλασσόκραμβον? Vgl. Sprengel h. rei h. I, 216.

37. a. Erucaria aleppica G.

(Fraas 124. Diosc. I, 294. Heldreich 48. Kerner 802. Meyer II, 42. 43. 307 Berula. Anonym. bei Ideler II, 268, 17. Oribas. I, 447, 1. II, 472, 4. IV, 629, 4. 611, 9. 551, 23. 573, 6 und besonders 590, 25: τὴν ἰβηρίδα ὑπὸ δέ τινων καρδαμίνην ῥίζαν.)

ἀγριοκάρδαμον, τιβηρίας, βεριάδα, ἰβηρίς, περδίκιον, καρδαμινακά, σαυρίδης, σαυριζέν (?), χούρῳ, χούρφανα, churkar, Cardamina, Cardamantice, σέμεϑ, κυνοκάρδαμον, βυτριάδα, περδικία.

110. Papaveraceae DC.

1. Papaver — ?

(Fraas 126. Diosc. I, 552 fg. Heldreich 45. Meyer III, 87. Kerner 809. Lassen indische Alt. IV, 188. Zeitschr. f. d. gesammt. Naturw. v. Giebel B. 25, 557. Kaumann Symbolik etc. 22.)

ποτηροκλάστρια, πυπεροκλαύστρια, σουσούνι, κουδία, κώδειον, κουδέα, παπάβαρις, παπάβερ, παπαρούνα, ιμάκων, λήκων, βασιλικόν περσεφόνιον, κουτζουνάδα, κουτζωνάδα, ὀξύτονος, ναντί.

Pseudo-Plutarch de fluv. 21. Seren. Sam. 27. 362. 964. 273. Isidor 17, 9. 31. Walafr. Strab. 13. Marcell. Empir. p. 250 G: Papaveris lacrima quae sopora a quibusdam appellatur. 331 H: Pap. sylvestre, quod Gallice Calocatanos dicitur (Diefenbach Orig. Eur. 276.)

Papaver somniferum L.

(Meyer III, 70. Theod. Priscian 101 A. und Opium cyrenaicum 112 D; ein thebaycum kommt vor bei Simon Genuensis.)

ὄπιον, ἐπιούμ. ἄφιον, πιόν.

Ueber Scribon. Largus 22, 86. 180 vgl. Meyer II, 37. Bei Plin. Valerian. I, 58 fol. 31 B. ist aber Opium Spanum wahrscheinlich Apium Hispanum.

2. Glaucium flavum Cr.

(Fraas 127. Meyer III, 86. II, 419.)

σιμάκα.

Bei Columella X, 104 Glauceum.

3. Chelidonium majus L.

(Fraas 126. Diosc. I, 330. Meyer II, 216. 419.)

χελιδόνιον, χελιδωνία, κραταία, κρουστάνη, γλαύκιον, glutium, γλαύκιος, Ѯῶν (Diefenbach Orig. Eur. 432), ὀϑόνα, ὀϑόνιον, μοϑόϑ, ἀούβιος, κάπνιον, φιλομήδειον, ζατατζάου, κούρκουμ — μεμηρέν, μεμηρίν, μαμηρέ?

6. Boemeria hybrida DC.

(Fraas 128. Diosc. I, 447. Apulej. ed. Ackerm. p. 160.)

λεοντοπέταλον, ϑορύβητρον.

Simon Genuensis: Leontopetalon alii rapidion vocåt folio brasice caule semipedali alemire sem ꞁ cacumıe ı xiliqis ciceris nascitur ꞁ arvis et cetera. Pli. vide nesit lencopodion supradicta.

111. Fumariaceae DC.

2. Fumaria officinalis L.
(Fraas 125. Diosc. I, 599. Heldreich 45. Meyer III, 76.
Ruell. lib. 3, 124.)
χαλκοκρί, κνύξ, κάπνιον, καπνὸς τῆς γῆς, φουμιτέρα
(pelasg. fom.).
In Henrik Harpestreng danske Laegebog II. No. 7 Fumus
terre.

112. Resedaceae DC.

1. Reseda undata L.
(Fraas 115. Diosc. I, 633. Heldreich 48.)
λυκοσκυτάλιον, σησαμίτης, σησαμοειδές μέγα·
Anguillara 291: Sesamoide grande. Dioscoride co'l non risolversi, à che pianta rassomiglia il Ses. gr., fà, che ancor io stò in
dubbio.

115. Nymphaeaceae Bartl.

1. Nymphaea L.
(Fraas 129. Diosc. I, 479. Meyer III, 88. Ruell. lib. 3, 67.)
ίέλεον, έλεον, λουλούφερον, στρατιῶτις, στρατιότης, νενούφαρ,
νιφέα, νούφρα, νούφαρα (über baditis vgl. Diefenbach Orig. Eur.
237. Meyer II, 311.)
Simon Genuens. Nenufar ar. dicitur nilofar gr. vero nimphea.
Vgl. de Lagarde ges. Abh. p. 11; Janus Zeitschr. IV, 2, 122.

118. Ranunculaceae Juss.

4. Anemone coronaria L.
(Fraas 130. Diosc. I, 322. Unger Reise in Griech. 131.
Meyer II, 305. Hermolaus Barbarus Corollar. in Diosc. Anhang

zu edit. Colon. 1529 sagt 65, 2, 1: Anemonen quidam fremium vocari putant, sed scribendum est phenion, autore Plinio. Anguillara 179. Per ogni luogo della Dalmatia, e nel contado di Bologna è famigliarissimo. chiamasi Samiulo. Zu dem letzten Worte vgl. Diefenbach Orig. Eur. 416.)

ἀνεμόνη, ἠνέμιον, ἀηεμόνη, ἀναιμόνη φοινική (Oribas II, 578, 11 ἀνεμώνη ἡ τὸ φοινικοῦν ἄνϑος ἔχουσα), ἀδρακτυλίς, κουτζούγαλα, παρίνη, πυπερῶνα, πετεινόν, βίρυλλος, βαβρύλλη, βαρβύλη, ὄρνιος κεράνιος, χούρφοις, φαινίδ. (? φαινίς Salmas. hyl. iatr. 26, a, E, vielleicht φοῖνιξ), σεμεικενούμ, σεκαήκ, ἐνουμέλ.

Anemone apennina L.
(De Candolle Géographic botanique 645.)
μέλαινα.
Anemone hortensis L.
(Unger Reise in Griech. 131. Fraas 130. Sprengel h. rei h. I. 218.)
παπαρίνα ἀγρία, ἀνεμόσουρτον, ἀνεμώχορτον, ἀγρία.

5. Adonis autumnalis L.
(Fraas 132. Diosc. I, 325. de Candolle Géographie botanique 646. Anguillara 180: non so quello, che sia l'Arg., dico tanto del primo, quanto del secondo.)
ἀλσελάμ, ἀρσελά, ἀντεμώνη, ἀντεμωνιάμ, ἀρτεμόνη, ἄνϑος πίδινον, ὁμόνοια, alecan (coll. Wech. Apulej. c. 32).
Ueber ἀργεμώνη vgl. Diefenbach Orig. Eur. 302 zu Marcell. Empir. 336 B. und Meyer II, 310. Sillig gebrauchte bei der Ausg. seines Plin. wohl gar nicht den Simon. Genuensis und selten den Matth. Silvat. Bei letzterem lesen wir s. v. argemone eine Stelle aus Plin. XXV, §. 102, die so einen ganz andern Sinn giebt. Ich setze sie vollständig hierher: folia habet equalia, divisa apii: eo modo caput in chauliculo papaveris silvestris, radicem habet, cujus succus est crocei coloris acris acutus; nascitur in areis apud nos.

7. Ranunculus ficaria L.
(Fraas 131. Diosc. I, 322.)
μεμηρέν, μεμυρέν, μεμηρίν, μαμηρέ, βατραχοβότανον, βάτζινα? βατζινόμουρα?

10. Helleborus officinalis Salisb. Helleborus orientalis Lam.

(Fraas XII, 132. 189. 284. Diosc. II, 635. Heldreich 45. Rosenthal Synops. 611. Oribas. II, 106, 1. 579, 3. 108, 5. III, 599, 14. IV, 629, 18. 623, 7. 590, 19. 634, 26. 619, 32. 29. und viele andere Stellen. 'Αντύλλου ἰατροῦ τὰ σωζόμενα über die βοη-θήματα C. 12. Ermerins Aretaei opp. Elench. simpl. 65. u. Hipp. alior. reliq. p. CXVIII, u. 301. Hippocr. übers. v. Grimm B. 2, 522. 552. Locher: Aretaeus aus Cappad. pag. 210.)

ζωβότανον, ληβόριν, ληρόβιν, ἐλέβορος, σκάρφη, carbatum, Karbet, Karbech, καρφίν, κάρπη, καρπόν, καρπίν, carpisia, καρπίσιον, χάρβαχ (Charbaq alaswad in nabath. Landw. vgl. ausserdem 159, 5.), ἐασφάτ, κέπουλον (cf. 29, 14), κουφοξυλαία μικρά (cf. 133, 2), — κεμελέτ, κοιράνιον, μελανόρ-ριζον, προδιόρνα (Diefenbach Orig. Eur. 369.), πολύειδος, πιγνα-τόξαρις, ἰσαία, γόνος Ἡράκλειος, ἐλαφινέ, ζωμαρίττον, ἀσκίς, ἀνεψᾶ (Diefenbach 230.), ἀνάφυστος, σόμφια, λάγινον (ibid.), — Veratr. nigr. alb.? Vgl. Alex. Aphrod. v. Usener p. 26, 17 fg.

11. Nigella sativa L.

(Fraas 132. Diosc. I, 429. II, 527. 685. Heldreich 45. Meyer III, 405. 529. IV, 154. Kerner 801. Lenz 606.)

μελάνθη, μαλάνθη, μελάθη, μαρωδιά, νηρόν, νίτζελον, τζεσμεζέ (? τὸ λεγόμενον μαυροκούκιν ἰνδικόν· cf. 76, 5.), μελάνσπερμον.

13. Delphinium peregrinum L.

(Fraas 133. Lenz 607.)

κρόνιον, κάμαρος, παράλυσις, νήριον, νηριάδειον.

Delphinium Ajacis L.

(Fraas 133. Rosenthal Synops. 614. Kerner 796.)

σώσανδρον, (κοσμοσάνδαλον)?

Bei Forskål pag. XXVII: καπουτζίνος.

Delphinium Staphis agria L.

(Fraas 134. Diosc. I, 639.)

χονιδιβότανον πολυειδές, ἀπάνθρωπον, χάβαρ, σταπυδίτζα?, σταπίς, σταφὶς ἀγρία, στήσιον, ἄρμεν.

Ob Dactilosa in phys. Hildegard.? vgl. Meyer III, 527.

Wenn Anguillara sagt 291: chiamasi hoggi in Grecia ψιρόκ-κοκον, ciò è herba da i pedocchi. Nasce à Crepano in Schiavonia spontaneamente appresso il monasterio delli monaci, so ist das phthiroctonon, pedicularis bei Plin. bei Scribon. Larg. ed. Steph. 195 E. 220 G. Aëtius 273 F. Vgl. Hermol. Barb. IV, c. 769.

119. Paeoniaceae Bartl.

2. Paeonia corallina Retz.

(Fraas 134. Diosc. I, 486. de Candolle Géo. bot. 646. Meyer III, 496.)

σελήνιον, σεληνόγονος, φιλαλτία, φιαλτία, φθίσι, ψιφεδίλη, ὀροβάξ, ὀροβέλιον, πανθικέρατος, παλωνιά, παισαίδη, μήνιον, ἀφαλοφροντίδαν, ἀλίεφος, αἱμαγωγόν, παιονία, παιοννία, πεωνία, πιόνικα, κελιδονία, πεντόροβον (Simon Genuensis: multi pentorobum aut cideon dactilicon vocant.), πασιθέα, κύμβαλα Φρυγίης μητρός.

Paeonia officinalis L.

(Fraas 135. Lenz 610 und dazu meine Bemerkung in der Zeitschrift f. d. Gymnasialwesen B. XV, 281. Scribon. Larg. ed. Steph. 220 G: Paeonia alias Glycyside. Aglaophotis bei Hermes Trismeg. gegen Besessenheit und Seestürme. Andres Wunderbare erzählen von ihr Aelian hist. an. 14. 27. Diod. bei Phot. 223. Josephus de bell. jud. 7, 25 unter dem Namen Baares, ·Georg. Kedren. compend. hist. Par. 1647. pag. 305 unter dem Namen Battaridis.)

γλυκυσία, γλυκυσίδιον (vgl. Simon. Genuensis in der vorigen Stelle und am Schluss jenes Artikels: glicistidis, gliciside), ἀγλαο-φωτίς (Lobeck Proleg. 460.), γλυκυσίδη·

Simon Gen. nennt sie auch Pionia, ebenso die versch. Glossarien. Plionia bei Hildegard. 171 ist vielleicht dasselbe.

122. Anonaceae Rich.

1. Habzelia aethiopica A. DC.

σουτεμερίαι, κιπέριν ἐγίπτιον.

Matth. Silv. piper Aethiopicum. i. Enigrum i. Habelzalin.

123. Myristiceae R. Br.

1. Myristica moschata L.

(Fraas 135. Ruellius p. 137 fg. Meyer III. 363. Volz Beiträge zur Culturgesch. 303. de Candolle Géogr. bot. 858. Bosenthal Synops. 586.

κουσποά, κουσπουά, κάρκα μυριστικά, κάρυον μυριστικόν, κάρυον ἀρωματικόν, μοσχοκάριδον, μοσχοκάρυδον, μουσκοκάρυδον, μυσκάρυδον, νοὺς μυριτζικά, νούκη μοσχάτα, νούτζι μοσχάτε, κάρος, νοκερία, nucaria, νάνϑη, καμάγζε, τζάους, τζεουζπούμ, νοὺς ἰνδικά, νοὺς βομικᾶ, καστηκόλα. .

Da viele von diesen Wörtern bei Simeon Seth vorkommen, werde ich bei seiner Herausgabe sie alle ausführlich besprechen.

Ihnen füge ich einstweilen noch hinzu νάσκαφτόν (Diosc. I, 37. II, 361 νάσκαφϑον). Davon heisst es bei Ruellius I, 41. pag. 153: Nascaphthum, quod et ab aliis narcaphthum vocatur, olim ex India deportabatur, corticosum natura, et putaminibus arboris mori: praetermissum a Plinio ut arbitror consulto, quia incerta esset ejus facies, ut aliorum quoque plurium, quae nostro orbi tantum nominibus cognita sunt. Paulus lacaphthi meminit inter ea, quae in magno cyphi, quod cognominant heliacum adjiciuntur, et corticem piceae vel alterius arboris existimat. ego lacaphthum idem esse cum nascaphtho reor.

Anguillara, Semplici pag. 39 sagt: che'l Narcaphtho sia il Tigname non nego, ne meno affermo. e cio auuiene dal non conoscere la scorza dell' Albero del Sicomoro. Bei Jacobus de Vitriaco soll Macis von Nux moschata herkommen, und sie sei eine indische Pflanze. Schon Aët. 736, G. sagt: India macer (corticem) habet. Henrik Harpestreng kennt sie auch (im 1. Buch.)

125. Berberideae Vent.

1. Berberis vulgaris L.

(Fraas 130. Diosc. II, 398. Heldreich 65 Anm. Anguillara 57. 58. Nicol. Damasceni ed. Meyer p. 77.)

ὀσικάτου, βέρβερις, μπερμπέρις.

Simon Genuens. Berberi dnt ar. amirberberis, arbor ejus vocatur zaraschet gre. meiachatum vel exiacātum. Das erste ist bei Ibn Baithâr Amberbârîs 79; das zweite das heutige Kretensische ὀξυάκανθα und jenes corrumpirte ὀσικάτου.

2. Epimedium alpinum L.

(Diosc. I, 520. II, 582.)

ἐπιμήδιον, θρυάς (nicht zu verwechseln mit θρυαλλίς bei Theophr. Oribas. ed. Steph. 448, a. Paul. Aeg. 645, c. und Aët. 56, h.)

Da Anguillara. der erste war, der diese Pflanze bestimmte, Lobelius Adv. p. 138 und Matthiolus p. 700 ihm folgten, will ich die betreffende Stelle aus dem Original anführen. Er sagt p. 253: Dubito, che nell' Epimedio avenisse a Dioscoride, si come gli avenne nel Dittamno; conciosia che lo Epimedio faccia gambo, et fiore, e frutto: ma la natura di questa pianta e di far il frutto e il fiore di tanta tenerezza, che subito, che mette le foglie casca il fiore, ne piu si vede vestigio alcuno di fiore. Theofrasto nel lib. 7. al cap. 8. parlando del Dittamno dice, che si usavano le fue foglie, e il frutto, tacendosi del fiore. e cosi nell' Epimetro disse quello non produrre fiore, e si tacque del frutto. attanto che noi dicemo che se il Dittamno fa fiore e frutto; cosi ancora lo Epimedio fa fiore e frutto. Qual poi sia questa pianta, in Italia, e nella Schiavonia in terra ferma si trova una pianta, che fa molti gambi sottili, come giunchi di altezza di mezo braccio, che in cima si dividono in tre surculetti, e ciascuno fa tre foglie, e qualche volta quattro hederaccie. la radice va serpendo sotto terra, sottile, di grave odore, e sapore astringente. nasce per le selve ombrose, ove si fermano l'acque. Trovasi questa pianta su'l Vicentino, e chiamesi Lunaria. Questo e quanto posso dire dell' Epimedio.

3. Leontice chrysogonum L.

(Fraas 129. Diosc. I, 546. II, 597.)

δάσπις, χρυσόσπερμον (cf. 73, 1), χρυσόγονον, ἀρκόφθαλμος.

Leontice leontopetalum L.

(Fraas 129. Diosc. I, 447. II, 538. Meyer III, 214.)

λεοντοπέταλον (cf. oben 110, 6.)

127. Hederaceae Perl.

1. Hedera helix et H. poetarum. Bertol.
(Fraas 150. Diosc. I, 328. II, 486. Heldreich 41. Kaumann Symbolik 25. Meyer II, 216. Nicol. Damasc. ed. Meyer p. 80.)
κύσσιον, κίϑαρος, κῆμος, κορυμβήϑρα, χρυσόκαρπος, σουβίτης (Diefenbach Orig. Eur. 262.), ἀράχ, ἀράκ, χρυσόνικος, ῥαβίκ, πέρσι; ἰϑυτήριον, διονύσιον. Vgl. Apulej. c. 98.
Simon Genuensis hat folg. Syn. ciseos, kissos .... dionisiam, bachiam vocant maxis existetibus corimbris .... arab. asfâ sed ī libr. de doctrina ara. scribitur taratith.

2. Cornus mascula L.
(Fraas 151.)
λεοντοκαριά, λεοντοκάρι, κρανεῖα, κρανία (so hat Paul. Aeg. ed. Steph. 628, d), κράνειον.
Seren. Sam. 16. Isidor 17, 7, 16.

129. Umbelliferae Juss.

5. Eryngium viride Lk.
(Fraas 138. Diosc. I, 363. Rosenthal Synops. 526. Meyer IV, 157.)
κρόβυσος (cf. κόβυσσος 73, 1.), κερδά, γοργίνιον, ἐρευνῆρις, ἤρυγγος, σίσερτος, σικουτινοέξ (Diefenbach Orig. Eur. 298.).

6. Lagoecia cuminoides L.
(Fraas 145. Diosc. I, 408. Unger Reise in Griech. 130.)
ἀτζέμηρον, λαγοκύμηνον, λαγοκύμινον, ἄμι, ἄμεος (σπόρος), μαῖον, λαγονάτη? λάμπυρον?

8. Apium L.
(Fraas 146 fg. Heldreich 39.)
ϑορφάτ, ϑορφαγσάδιν, αἷμα Ὥρου, νούδεον, ἰσχάς, χαμαιπίδια, βοράδην, σεληνοβεβαμμένος.

Apium graveolens cult. L.
σέλινον κηπαῖον, σελινόσπορον.

Apium graveolens L.

(Schiller zum Thier- u. Kräuterbuch H. 2 p. 30. Kerner 804.)

ἐλειοσέλινον (Lobeck Proleg. 213), νεροσέλινον, ὁρκοσέλινον, σίον.

Apium petroselinum L. *

(Meyer III, 83. Kerner 803. Sprengel h. rei h. I, 216.)

μακεδονίσιον, μακεδονισιά, σέρρεις, πικρίδες, ἀβρύ, ἀλεξάντρη (unrichtig ist „pro ὀλύσατρον uti putat Salmas."), κοδίμεντον, κουνδούμεντον, κηρνίου σπέρμα, περσίμουλο, σμυρνοβότανον, πετρόσελι.

13. a. Bunium pumilum Sm.?

(Fraas 140. Diosc. I, 608.)

ἐρξώη, ζιγάρ, ϑεμψώ, ϑεψώ, ἀνεμόσφορος, ἄτος, βούνιον.

Paul. Aeg. 616, g. Aët. 15, a.

Anguillara 286 non conosco il primo Bunio, ne ho conosciuto pianta, che si rassomigli al descritto da Dioscoride.

. Bunium ferulaceum L.

(Fraas 140. Diosc. I, 609. II, 628.)

ψευδοβούνιον (die Wurzel heisst auf Cypern Topana).

Anguillara 287 il Pseudobunio nasce in Candia, e parimente in Italia lungo le strade, e dietro à muri vecchi, con foglie à terra, simili à quelle della Ruchetta, ò Rucola, ma piu intagliate. produce poi molti rami a una radice, pieni di foglie picciole, e di, fiori gialli, che lasciano al suo sfiorire alcune silique picciole, ove è rinchiuso il seme minuto. Il sapore delle foglie, e del seme è acre, e parimente della radice, laqual è bianca, e non troppo grossa. Honne trovato assai in Padova dietro alla mura di una casa su la piazza del castello.

14. Pimpinella anisum L.

(Fraas 149. Heldreich 39.)

ἀνήϑουμ, ἀνισοῦν, γλυκάνισον, γλυκάνησσος, γλυκάνιτον.

Pimpinella saxifraga L.

καῦκος (καύκιον Myreps. 573, D?), πεμπινέλε, μπεπινέλε, pampinula, καυκαλίς (Schol. Nicand. Th. 838).

Ruell. 596, 14; 784, 39; 792, 34. Salmas. 909, b, G. Anguillara 257. Matthiol. zu Diosc. p. 461. Das Wort Pimpinella kommt also nicht zuerst, wie es gewöhnlich und auch in Ascherson Flora

d. Mark Brandenburg S. 242 zu lesen ist, bei Matth. Silv. vor.
Seine Ausgabe von 1541 hat in der neuen Ueberarbeitung vielleicht praktischen Nutzen für die damalige Zeit gehabt, ist aber
bei historischen Untersuchungen gar nicht zu gebrauchen. Ihr
häufiger Gebrauch ist besonders die Veranlassung gewesen, dem
Matth. zuzueignen, was dem Simon Genuensis gebührt. Auch
dies Wort liefert dafür wiederum einen schlagenden Beweis. Bei
Matth. stcht: Pimpinella est herba multum similis saxifragie unde
versus. pimpinella pilos. saxifragia non habet ullos. Dagegen hat
Simon Genuensis s. v. Saxifraga: qdā accipiunt herbā cuius folia
similia sunt fol. pimpinele maiora tamen ramulos... nā de pimpinela
dicit q. multi saxifragam dixerunt eoq. ẽ similis sit puta saxifraga
tiraria vel titaria ab antiquis dicebatur.

Bei Nic. Myreps. ed. Steph. 383, B steht Pimpinella und in
der Anm. fügt der Herausgeber hinzu: corrupte scribitur πεμπινέλε pro πιμπινέλλε. ut et hanc vocem Nicolai temporibus fuisse
usitatam, hinc satis appareat.

14. a. Tragium Columnae Spr.
(Diosc. I, 542. II, 595.)

σαλία, , τράγιον ἄλλο, σοβέρ, τραγοκέρας, τραγόκερως,
ἀχοιοσίμ., γάργανον, κορυντζάρην

Anguillara p. 263. l'altro Tragio si truova ben in Italia, ma
non ha nome volgare, ch' io sappia.... Ma è da avvertire, che
quella parola ῥαφάνῳ ἀγρία in Dioscoride, appresso i Greci si
può intender ancora per Apios, come appare in Crateua, e appunto
le radicette di questa pianta, che noi habbiamo ritrovate, paiono
una picciola radice di Apios. Ha nell' Autunno odore di Becco,
si come lasciò scritto Dioscoride. vedesi negli scogli di Sebenico
in Schiavonia, e anco nel monte di S. Giuliano di Luca, e in
Grecia.   -

17. Bupleurum fruticosum L.
(Fraas 138. Diosc. I, 403.)

κύονος φρίκη, σέσελι αἰθιοπικόν.

22. Seseli annuum L.   -
(Fraas 146.)

ὀρεοσέλινον, ὀρχοσέλινον.

Ein Seseli creticum kommt vor bei Scribon. Larg. 121.
Oribas. ed. Steph. 445, a. Sil gallicum bei Apic. 1, 34 (wo die
Codd. silphii haben) und σέσἐλι μασσαλεωτικόν bei Diosc. u. Orib.
438 F, ist vielleicht = Seseli tortuosum L.; übcr Silum in
dem Capitular. vgl..Meyer III, 408 und Kerner 800, der es ausführlich bespricht.

24. Meum athamanticum Jacq.
(Fraas 141. Diosc. I, 12 lernte sie aus Oberitalien kennen.)
μέον ἀϑαμαντικόν.
Aesculap. 65, B. u. Theod. Priscian. 237 A. Meu.

Anguillara 20 sagt: Se andarete in Calabria nel monte chiamato Polino, e dimandarete à quegli habitanti la pianta chiamata
da loro Imperatrice: over nelle montagne di Norsia . . . ò nelle
monte montagne di Modena . . . . vi serà sempre mostrato in
ciascuno di questi luochi il vero Meo descritto da Dioscoride.

24. a. Cachrys cretica Lam.
(Fraas 141.)
λεκλήλ? λιβανωτόν, καχρυόεσσα ῥίζα (Nic. Th. 40 |c. Schol.).
Cachrys Morissonii Vahl.
(Fraas 149. Meyer bot. Erläut. 172.)
ἱππομάραϑρον.

29. Peucedanum officinale L.
(Fraas 141. Diosc. I, 427. Oribas. IV, 626, 27. 554, 13.
Plin. Valerian. hat corrump. Rucedanum I, 1, fol. 13. Hermes
Trismeg. Peucedanus.)
πινασγελούν, ἀντζασιφάντ, πευκέδανον.

31. Anethum graveolens L.
(Fraas 148. Diosc. I, 406. Kerner 804.)
πόλτος, πόλγιδος, γόνος κυνοκεφάλου, γόνος Ἑρμοῦ, ἀνη-
ϑόξυλον, ἄραφος, ἀραχοῦ, σικκήρια, τρίχες κυνοκεφάλου,
ἀϑήνιον.
Anethum foeniculum L.
(Kerner 805; Meyer III, 72. Fraas 148: Heldreich 40.)
μπατιάμ, μπατάμ, χαβελαρούμ., μάλαϑρον, μάραϑρον,
ϑυμαρνόλιον, φενοῦλιν, φαίνουκλον, σιστραμεόρ (Diefenbach
Orig. Eur. 420), σαμψώς.

32. Pastinaca sativa L.

(Fraas 145. Diosc. I, 416. Kerner 812. Meyer II, 76. u. bot. Erläut. zu Strabo 172.)

λύμη, χημίς, νέφριον, ἀσκαουκαού, ὀφιογένιον, ὀφιόκτονον, ἐμπυξή, ἐλαφικόν.

Marcell. Empir. 356, C.

33. Heracleum spondylium L.

(Fraas 143. Diosc. I, 425. Paul. Aeg. 642 F. Oribas. 509 F.) ἀρκοσφόνδυλον, ἀρκοσφόνδηλον, ἀράγγη, ἀψαφέρ, ἀστέριον, χορόδανον, ὄσιρις, νίσυρις.

34. Ferula persica L.

(Fraas 142. Diosc. I, 434. Ueber die ganze Nummer vgl. Rosenthal Synops. 542 fg. Berg Pharmacognosie des Pflanzenreiches 554 fg. Meyer bot. Erläut. 37.

βενύζ, κηπινήτζ, καπηνίτζ, σικιδίνιζ, σικινιβήτζ, σικηπήνητζ, σκιβινίζα, σπαχένη, σιχυβηνήτζα, σαπήγανον (σαγάπηνον), sagapium, σεραπίων, σεράβιν — φερούλλα, ἀρτίκα?

Ferula Opopanax Spr.

(Fraas 143. Diosc. I, 396. II, 518. Meyer bot. Erläut. 39.) τζαβουσήρ, ὀξυφοίνικον, ὀξιφήνηκον, ἀποπάνακον, γεύσιρ, ζευσίρ, ζευσήρ, ἀράβιος λίϑος, ματούβχ.

Ferula Ferulago L.

(Fraas 142. Diosc. I, 437. Usener Alex. Aphrod. Progr. 2. 30.) χαλβάνιν, χαλβάνη, κύνε, μετόπιον, ἀμμωνιακόν.

Silphium?

(Meyer I, 346. II, 78. 248. III, 284. bot. Erläut. zu Strabo. 178. Link üb. d. Silphium d. Alten Abh. d. Acad. 1829. Heinr. Barth Wanderungen durch die Küstenländer des Mittl. Meeres p. 410 fg. Schroff in d. Wiener medicin. Zeit. 1862 und daraus in Schmidt's Jahrb. d. Medicin 1863 H. I, p. 159 fg. mit Zusätzen.

σίλφυτον ἄγριον, ῥάσϑον, ῥάσϑιον, πελέκι, πελεκῖνος, πικροδόκοκκον, Seruridaca, λάζαρον, λάσσαρον,· λάσαρον, λάσαρ, σκορδοραξάρι, σκορδολάζαρον, σκορδολάσσαρος, κυρηναϊκὸς ὀπός, λεοντόγαλα, λεοντίγαλα, μάσπετα, μαγύδαρις, laserpitium (Sillig quaest. Plin. spec. I, 1839 p. 16 fg.), λιβυκὴ ῥίζα.

37. Cuminum Cyminum L.

(Fraas 144. Diosc. I, 407. Seidel l. l. 123. Meyer II, 18. 71. 216. 393. 244. III, 403. Kerner 795.)

σιλοέρινον, ἀνοῦχα, ἄφυσα, μελάνϑιν, κύμινον, πλατυκύμινος, πλατοκύμηνον, κεραμένη, καλοκυμιναία, ντιναρουμά, ἀνδιδάν, καρναβάδι, καρναβάδιον (Meyer III, 373), σέριρος, πιχανοκκιδάν.

38. a. Thapsica garganica L.

(Fraas 145. Diosc. I, 641. Meyer bot. Erläut. 179. Lenz 568.)

ϑηλυτερίς, . βοίδη,   πάγκρανον, σαζαμ.περί, ὑπώπιον,
χρυσόξυλον,   τάσι,   ταψία,   ϑαψία,   ϑάψος,
ξύλον σκυϑικόν, σκυτάριον, κυτάριον,   σκυπικὸν ξύλον.

39. Daucus Carotta et guttatus Sibth.

(Fraas 140. Diosc. I, 401. Heldreich 40. Meyer III, 65. 231 und bot. Erläut. 172. Kerner 811.)

σιχάμ, βαβιβυροῦ.

Daucus Gingidium L.

(Diosc. I, 281. Galen. de alim. fac. 2 p. 640.)

τιρικτά, ἀδοριοῦ, λεπίδιον, βισακούτουμ, δορυσάστρου, γιγγίδιον.

41. a. Tordylium officinale L.

(Fraas 139. Diosc. I, 404. Unger, Reise in Griech. S. 130 Tordylium apulum Riv.? Diction. Méd. Hisp. Tordilion, una yerva, et Gordilion de Paulo. Meyer III, 408. Kerner 800 fg.)

γόργιλος, γόρδηλον, τάρδειλον, τόρδειλον, σέσελι κρητικόν.

Sil montanum. nach Dierbach bei Apic. III, 5. §. 79.

45. Scandix odorata L.

(Fraas 150. Diosc. I, 603. Nicol. Damasc. ed. Meyer 122.)

κονίλη, — πατίτης, πατίμην, πατητίς, πετίτου, προτίτην? — τάρφε? (Simon Gen. Tarafa et Steph. tarfe scripsit q. est tamariscus.) Vgl. Lobeck Paralip. 406 adn. u. Proleg. 117.

46. Conium maculatum L.

(Fraas XI u. 140. Diosc. I, 575. II, 676. Heldreich 40. de Candolle Géogr. bot. 707. 720.)

κατεχομένιον, πολυανώδυνος, κίκρυτος, κόνιον, κώνειον, κιμοῦτας, κικ:ῦτα, τζικούτα, τζήκουδα, κρηίδιον, κουκουτάς (Marcell. Empir. 348 A. Conium i. e. Cicuta),

42

τίμωρος, δολιά, ἀμαύρωσις, ἄπεμφι, ἀπεμφύ, ἤϑουσα, ἀπολήγουσα, ἀπολίγουσα, ἀψευδής, ἄφρων, ἀβίωτος, μαγγροῦνα, μαγκοῦνα, αἴγυνος, αἰγινάς, βαβάϑυ, βαβάϑη, παράλυσις, ἀγεόμορον.

Gehört hierher Comum in Pseudo-Galen. de simpl. ad Pat. 81, G?

48. **Smyrnium perfoliatum L.**
(Fraas 148. Diosc. I, 415. Unger Reise in Griech. 130: Smyrnium rotundifolium Mill. in umbrosis depressis Corcyrae. Lenz 575.)
μούρ.

49. **Coriandrum sativum L.**
(Fraas 149. Heldreich 41. Schiller zum Thier- und Kräuterbuch H. 2, 26. Meyer III, 84. 404. 82. 83.)
ὄχιον, κουρβαράς, γοῖδ (de Lagarde 57), καρπισίχ, κισυνίτζι, κόριον, κοριανόν, κολίανδρον (Meyer III, 363), κολίατρος.

130. Loranthaceae Don.

1. **Viscum album L.**
(Fraas 152. Heldreich 44.)
μελουριά, βύσκος, ἰξός, μακάριος.

Anguillara 216: non tanto è proprio del Visco nascere su le Quercie, ma ancora su gli Elice, su gli soveri, su i pomi, e su gli Aceri.

131. Oleineae Lk.

3. **Olea europaea L.**
(Fraas 154. Heldreich 30. Lenz 500 fg. Ausland 1860 No. 41.)
ἀγριέλια, ἀλίαστρον, ἄγρελος, ἀγρέλλιον, ἀγρολιά, ἄγριφος, ἐλία, ἐλαία, κολυμπάδες, κολυμβάδες, κολυβάδες, ἀλμάδες (Bekk. Anecd. I, 379 ἀλμάδες, κολυμβάδες ἐλαῖαι), κότινος (Beckm. Arist. mir. ausc. p. 106).

Oleastrum Theod. Prisc. 102 C. Olcum onfatium fit de olivis immaturis in der Salernitan. Handschr. in Breslau fol. 162. Olivae

olea in Pseudo-Gal. libr. de simpl. ad Patern. 83 F hat das Syn:
Ebeas drachi, das ist wahrscheinlich Elaias dacry, lacrima Oleae.
Solche lacrima wird noch erwähnt Paul. Aeg. 619 F: oleae Aethio-
picae lacr. Aët. 387 A: oleae sylv. lacr. bei demselben 17, B:
Oliva colymbas. Vgl. Ideler phys. et med. min. II. 260. 262.
275. Was die Alten schon von der Abhängigkeit des Oelbaums
vom Meere glaubten (vgl. Loeber die Heiligkeit des Oelbaums
p. 33.) das steht auch in Simeon Seth cap. 5, wo Meyer aber
30 Stadien mit 300 verwechselt (III, 362). Wie nöthig man überhaupt die feuchte Luft für die Vegetation hielt, zeigt ja schon
Aeschyl. Eum. 864 u. Soph. Oed. Col. 680.

4. Fraxinus ornus L.
(Fraas 156. Heldreich 31. Kuhn Myth. v. d. Herabhol. des
Feuers. Progr. p. 14. Lenz 509.)
κυριόφυλον, μυλέας φίλα, μελέα (Oribas. IV, 625, 6. 7.), μελία
(Oribas. IV, 624, 27.), λιγγάβις, ληγκουάδης.

Bei Hildegard. 37 ist Oesch = Frax. excelsior.

Anguillara 50. Orno: che produce un frutto simile à lingua
di uccello. onde poi questo seme è chiamato Orneoglosson, e da'
recettari Lingua avis.

132. Jasmineae R. Br.

1. Jasminum officinale L.
(Diosc. I, 78. II, 371. Rosenthal Synops. 356. Meyer III,
87. 336. Heldreich 29.)
ζάμβαχ, ζάμμακος, ιασμέλαιον, ιάσμη, ιάσμινον (Jâsamîn
nabath. Landw. 120 Alawwâm), ζαμβακέλαιον bei Simeon Seth
p. 17. Arab. Zanbaq. Aët. ed. Steph. 21, B: Jasmelaeum apud
Persas Jasme appellatum praeparatur hoc modo. Simon Genuensis s. v. Sambacus: dixit mihi arabs q. zambachen vocàt ipsum
semen ipsius iensemin pprie.

133. Viburneae Bartl.

1. Viburnum L.
κλεμαξίδα.

2. Sambucus nigra L.

(Fraas 156. Diosc. I, 666. II, 640. Meyer II, 78. 248. 397.
Sambuca III, 539. Bei Hildegard. 48 heissen die Früchte Ciclim.)
κουφοξυλεά (hodie κουφοξυληά und ἀφροξυληά; nach Forskål
p. XXIV = Samb. racemosa L.) κουφαξυλαία, σέβα (Diefenbach Orig. Eur. 418), σκοβιήμ, σαμοῦχος (σαμβοῦκο albanitice!),
ἀκταία, ἀκτίς, τάχι (pelasg. stok, — u; Matth. Silv. „Tachie est
Ebulus."), ἀκτή, ἄκτρα, λιβόριον.

Sambucus Ebulus L.

κάνωπον, χαμαιάκτη, ἀκτῆ, ἐλισσακτῆ, εὔβουλος, ἔβουλον,
ὅλμα, δουκωνέ (Diefenbach Orig. Eur. 324), δέκατον (ist es corrumpirt aus dem vorigen?), ἔμπουλον, ἐνίρος.

Simon Genuensis s. v. Actis: cameactis ebulus q infima seu
humilis actis akame q ē ī finium und s. v. Sambucus: habet alterum
genus magis sylvestre q greci acameerez alii elon vocant. Jenes
elon ist = ἔλειον.

134. Caprifoliaceae Bartl.

1. Lonicera etrusca Savi.

(Fraas 157. Diosc. I, 515.)
πόλιον Ἀφροδίτης, κάρπαθος, ἀνατολικόν, τοῦρκος, λανάθ,
ἁγιόκλημα (hodie ἀγριόκλημα, nach Forskål p. XXII = Lonicera caprifolium), ἐπαιτίτις, αἰηίνη (Lobeck Proleg. 219), ματρισύλβια (bei Myreps. 479, G. steht in der Anm. des Herausgebers:
ματρισύλβια. usus autem est Scribon. Largus (nämlich 129: περι-
κλύμενον, quam silvae matrem vocamus), ματριτζέρβια, περιδημινέον.

136. Stellatae L.

1. Galium aparine L.

(Fraas 157. Diosc. I, 443.)
ἀπαρίνη (Orib. IV, 624, 33), ἀμπελόκαρπον, ὀμφαλόκαρπον.

Anguillara 217. Hoggi si chiama Spargula da gli Herbari
d'Italia, e in Grecia la chiamano κολιξίδα (heute κολλητζάδα).

4. Rubia tinctorum L.

(Fraas 158. Diosc. I, 489. Heldreich 29. Rosenthal Synops. 321. Beckmann Beitr. zur Gesch. d. Erf. IV, 41 fg. Anguillara 240. Bei Hildegard. Rubea, wo Reuss ohne Grund Geranium Robertianum annimmt.)

ἐρυθρόδανον (Schmidt griech. Papyrusurkunden 144), ἐρυθρίδη, δραχάνος, ῥουμβίμ, ῥούμπιαν, σωφορί, λιθρίλιον, ῥιζάρην (Forsk 1 pag. XX ῥιζάρι = Galium paschale). Hiervon kommt auch das türkische alisari; pelasg. reζe.

Wenn es in den Handschriften des Paulus Aeg. III, 2 heisst: θάψου ἤ τινι οἱ βαφεῖς χρῶνται, ἤν οἱ Ῥωμαῖοι ἔρβα ῥουβίαν καλοῦσι, so kann dies nicht durch Hesychius θάψινον, τὸ ξανθόν, ἀπὸ τοῦ ξύλου τῆς θάψου erklärt werden, denn lignum und herba sind nicht zu vereinigen, sondern höchstens nur so, wie es Janus Cornarius zu der ersten Stelle thut: rubeam quam alias ἐρυθρόδανον dixit, peculiari suae aetatis vocabulo, θάψον ab ipso dictam esse suspicamur.

Rubia lucida L.

(Fraas 158. Rosenthal Synops. 322.)

σπάγουλε (vgl. Anm. zu Myreps. 479, E.), Spargula.

Nach Simon Gen. hiess Spargula auch Rubia minor und dies nach Ruell. 726, 22 (wo zu Anfang auch aspargula steht) = alyssum Plinii, und dies wahrscheinlich = Rubia lucida L.

139. Apocyneae R. Br.

1. Vinca minor L.

(Fraas 159. Diosc. II, 573. Günther Zierpfl. d. Alten 22.)

φιλάκουον, φιλάκουαν.

Anguillara 248: La Vinca Provinca molto ben corrisponde alla Clematide prima di Dioscoride. ne in essa procederò piu avanti.

Bei Plinius 21 §. 62 u. 172 ed. Sillig heisst die Pflanze vinca-pervinca. Das von dem Herausgeber aus RVd angeführte vica-pervíca ist aber wohl mehr als blosse Lesart; man findet dafür auch bica perbica, z. B. in dem ältesten medic. Cod. der Bresl.

Univers.-Bibl. fol. 60. LVIII unter Herba Victoriola (Apul. u.
Sext. Placit.), wo Ackermann l. c. p. 222, cap. LIX pervinca
allein hat. Gewöhnlich wird dieser Pflanzenname in zwei Wörtern geschrieben; vgl. Marc. Empir. ed. Steph. c. 15, pag. 309 A.
3. Nerium Oleander L.
(Fraas 159. Diosc. I, 578. Heldreich 3t.)
αἱμόσταρις, σπόγγος, σκινφή, νίδιον, νίρις (cf. 177, 1), δενδρόροδον, νέριον, ῥοδόδενδρον, ῥοδοδάφνη (heute seltner als πικρο-
δάφνη, das neben νέριον auch schon bei Aët. 50 D. vorkommt),
χερζαχερά, πικροδάφνη, νηρία, νήριον, σκοβιήμ.
Wrightia antidysenterica R. Br.
(Nerium antidysentericum L.)
Wenn es auch im Glossar heisst: „quid vero sit Macer, docent
Botanici omnes", so habe ich doch nur einstweilen, da hierüber die
Acten noch lange nicht geschlossen sind, die unten folgenden
Wörter unter diese Ueberschrift gestellt. Aeltere Autoren können
hierbei nicht helfen, man vergl. z. B. nur Salmas. 918, b, D.
Von neuern verweise ich ausser Sprengel zu Diosc. II, 392 be-
sonders auf E. Meyer, bot. Erl. zu Strabo p. 137 fg. und seine
Gesch. d. Bot. II, 36. 88. IV, 112. Lassen, ind. Alterthumskunde I, 220.
πεσπές, πεσπεζέ, δεσδουξέ, δαδούξ, ξυλόμακερ, μάκερ,
μάτζης.

140. Asclepiadeae R. Br.

1. Cynanchum erectum L.
(Fraas 160. Diosc. I, 578.)
κυνοκτόνος, ἐλαφόσκορδον, ὀφιοκόριδον, ὄνιστις, ὀλίγωρος,
ἀπόκυνον, φάλεως.
Cynanchum vincetoxicum Pers.
(Simon Gen. Vincetosicum dicitur planta q mltum juxta elebo-
rum nigrum invenitur quare putatur sibi contraria.)
τόσιτζον, ῥιτζιτότζι, βιτζιτόσιτζι, βιντιτοξική (vgl. d. Anm.
zu Myreps. 380 C.)

2. Calotropis gigantea R. Br.
(Ruell. 2, 33. pag. 438, 5. E. Meyer, bot. Erläut. 69. Heldreich 31 (Gomphocarpus fruticosus R. Br.). Rosenthal Synopsis 379.)
βύσσος.

141. Gentianeae Juss.

1. Gentiana lutea L.
(Fraas 160. Diosc. I, 341.)
γεντιανή, ζεντζιάνε, ἀλόη γαλλική, βασιαδός, βασιάδα.
Anguillara 141. Hoggi gli Schiavi, e Turchi la chiamo Serzenicha.
2. Erythraea centaurium Pers. (cf. 174, 35.)
(Fraas 160. Diosc. I, 349. II, 494. Heldreich 32. Anguillara 194· fg.)
νιφέρα, φελτερά, fel terrae, ἀπογορίσαπον, νεύσιον, τουλβηλά
(Diefenbach Orig. Eur. 253), στιρσόζιλα (bei Apulej. c. 36. hat
Tor. in marg. storsoria), δρακόντιλος, ἐρμιγκοβός, ἐρμιγγοβοός,
γῆς χολή, βέστρον· Ueber Libadion bei Plin. vgl. Diefenbach 339.
Die Febrifuga bei Hildegard. 125 ist nicht, wie Reuss will,
diese, sondern Pyrethrum Parthenium.

142. Boragineae Juss.

1. Asperugo procumbens L.
(Fraas 161.)
αὐτίδιον, πελοζέλλα.
Anguillara 226: è conosciuta la Pelosella con questo nome.
su'l Padovano è chiamata Pelosina.
Danach ist die Anm. in Ascherson Flora d. Mark Brand. 387
zu ändern. Vgl. Ruell. 574, 17. 18; 776, 16.
2. Cynoglossum pictum Ait.
(Fraas 162. Diosc. I, 612. Anguillara 287.
σκυλόχορτον, κυνόγλωσσον, βετέκα (cf. 180, 1), φυτόν,
καβαλλάτιον, σπληνίον, σκόλυμος, λίγγουα κάνις,
λίγγουα κανίνα.

Apulej. c. 96 hat ausserdem noch: hemionion, pyrgis, teucrion, Aegyptii Zenis, alii sublabium, lingua Macedonica.

4. Borago L.

(Heldreich 34. 79. Diefenbach Orig. Eur. 396 über das Wort Borago. Unger Reise in Griech. 128.)

μπουράκιν, μπούραχ, πουράκιον, βουράζα (bei Forskål p. XXI). Ruellius 843, 25 officinis Borago, Gallis Borache, aliquibus porrago. In der Anm. zu Myreps. p. 408, C steht: Nic. corrupte πουράκιν habet. Intelligendam esse boraginem hodie vocatam, ex Mesue satis liquet, qui hanc antidotum descripsit ante Nicolaum. Bei Simon Gen. steht s. v. Borago: non reperio auctorem autenticum facientem ca. de utroque (Borago und Buglosa), sed si scribit de una non scribit de alia.

5. Anchusa tinctoria L.

(Fraas 162. Unger Reise in Griech. 128: Alkanna tinctoria Tausch. Diosc. I, 523. II, 584. Sim. Genuensis s. v; Paul. Aeg. 611, B. 621, D. Aët. 7, G. ed. Steph.)

καταγχουσα, μύδουσα, ἔχιον, πορφυρίς, ἀλκιβιάδιον (Schol. Nicand. Th. 541. Eutecnii Metaphr. ἀλκίβιον, ἐχίειον), ἀλκειβέλιον, ἀρχιβέλλιον, ἄχουσα, ὀνόφυλλος, νωνεά, λιβυκή, βουινεσάϑ, λάκκα (bei Myreps. p. 388 A. auch lacha. Vgl. Schmidt üb. griech. Papyrusurkunden p. 144 fg.), ὀνοκλεία (vgl. ὀνόχειτλος Nic. ὀνοκίχλες Theophr.), λαδικίνη (? Salmas. 808, b, E. Schmidt a. a. O. 145.)

Anchusa italica Retz.

(Diosc. I, 611. Heldreich 79.)

γόνος αἰλούρου, αὐτουένριν βέσωρ, βουδόγλωσσον (heute βοϊδόγλωσσα, pelasg. gluhe-lope), βόγλωσσον, ἀνσανάφ, ὀνόϑουρι, ἀγριοβούγλωσσον, τζανουχεί, λυσαλάνϑη, ἀρνοπέτα, ἀρμπέτα, λίμωνον (bei Aët. p. 39, E steht limonium sive cynoglossum; bei Apulej. c. 42 in coll. Wechel. Romani libanion appellant), εὐφρόσυνον.

Anguillara 254. chiamano questa in Grecia hoggi κλυκάψις. d. h. Lycopsis.

7. Symphytum officinale L.

(Lenz 536. Anguillara 249.)

φλομονίδιον — ῥάσδον, ῥάσδιον?

Ueber σύμφυτον ἄλλο cf. Fraas 163 und Diosc. I, 512. II, 575
Coris monspeliensis. Nach Anguillara: in Rodi la chiamano
κοχαλοδίτι. Im Glossar des Grammatikers Erotianos (bearb. v.
Franz) steht ebenso unklar wie unter λείριον, so bei πέπλος, πέπλιον, σύμφυτον.

9. Lithospermum L.
(Fraas 162. Diosc. I, 488. Lenz 533. Meyer III, 173 über
das arab. Qalb, und über Saxifrica III, 533.)
ζωόνυχον, αἰξόνυχον, γοργώνιον, γονολῆτα, διόσπορον,
λεόντιον, λῖϿος λεοντική, λιϿόσπερμα.

Anguillara 240: Il Lithospermo hoggi da tutti si chiama
Milium Solis. Also wie die Glossarien des Mittelalters.

11. Echium rubrum Jacq.
(Fraas 163. Lenz 533. Anguillara 255.)
ἔχιον, ἀρίδαν, ἀλκουβιαικούμ.

Echium italicum L.
μανοῦνι (hodie), λύκαψος (Schol. Nicand. Th. 838).

13. Heliotropium villosum Desf.
(Fraas 160. Diosc. I, 683. Lenz 532.)
σκορπίουρον, Scorpioctonum, γόνος Κρόνου, διάλιον, ἡλιόχορτα,
καμβύλ, καμηλ, καμβηλ, haematites (Diefen-
bach Orig. Eur. 364), ἡλιοτρόπιον, ἡλιοτρόπη, Thornaschûl.

Anguill. 302 Lo Heliotropio maggiore è notissimo per tutta
Italia e l'Eccellentissimo Matthioli l'ha benissimo figurato (ed. Diosc·
1553 p. 561). Die Römer bezeichneten nicht selten mit diesem Namen
unser Hel. europaeum L. Dasselbe und Croton tinctorium
ist gemeint bei Hermes Trismeg. s. h. v.; vgl. Meyer III, 226!
499. II, 345. Ruell. 883.

Verrucaria auch bei Spätern z. B. Marcell. Empir. 324, C.
dann Myreps. 815, B. Aët. 760, G. Oribas. 419, C. Ruf. Ephes.
128, A. ed. Steph. — Jan. Cornarius zu Paul. Aeg. I, 13 sagt:
in graecis exemplaribus deest hîc vox σκορπιούρου, in quibus ha-
betur ἡλιοτροπίου τοῦ καλουμένου φύλλα. Quod autem vox illa
desit, indicat Graecae orationis ratio et confirmat Dioscorides.
Aëtius item lib. IV, 13 expressis verbis habet..

4

14. Cordia myxa L.

(Salmas. 931, b, G. Fraas 164. Rosenthal Synops. 432.
Lenz 532. Nicol. Damasc. ed. Meyer p. 102.)

μουχαιπέ, μουχαῖται, μυζάρια, μυξάρια, πυοχάδες.
Myreps. 383, B. Paul. Aeg. 532, A.

144. Solanaceae Rchb.

1. Solanum nigrum L.

(Fraas 168. Diosc. I, 565. Meyer II, 407 über Cuculus
herba. III, 433 Maurella. 493. 533. Daremberg Notices etc. 28, 3.)
σκούβουλον (Diefenbach 419), ἀστριμουνῖμ, κρομο-βρωμοβότανον.

2. Physalis somnifera L.

(Fraas 167. Diosc. I, 566. Meyer in Gesch. d. Bot. für
Physalis Alkekengi L. II, 206. III, 377. Vgl. meine Bemer-
kungen zu Lenz 539 in der Zeitschrift für das Gymnasialwesen
B. XV, 280.)

κεκένζ, καλλαῖς, καλλιάς, κωκαλίς, κυκωλίς (vgl. Diefenbach
Orig. Eur. 396), κεκούντζ, cycolida (bei Apulej. 23. nach Wechel.
cecaneno), μανικός, δίκραιον, δίκριον, δορύκνιον, δορύχνιον
(Etym. magn. p. 283, 37), βορύκνιον, ὀψαγέμ, στρωγνος,
ἁλικάκαβος, κάκαβος (de Lagarde p. 50 Anm.), κακάβιον.

Anguillara 270: Solatro Somnifero. Se quello, che nasce in
Candia, havesse il fiore grande e rosso; non visaria da dubitare,
che non fosse il vero Solatro Somnifero. Ma manifesta cosa è,
che Dioscoride scrive del fiore diversamente da quello, che si vede
essere; e da questa in fuori tutte le altro note molto bene corris-
pondono. Schol. Nicand. Alex. 376. Eutecnii Met. ed. Didot.
239, 52. Schol. ed. Keil p. 98.

4. Mandragora officinalis L.

(Fraas 167. Lenz 542. Meyer II, 19. 217. 395. III, 76.
IV. 112. Heldreich 36. de Lagarde p. 67. Usener Alex Aph. 26, 29.)

βομβόχυλον (ος), . ὑπνιχόν, λιβρόχης, ληβρόχης, ληβρόχη,
ἀντίμιον, ἀντίμνιον, γονογεῶνες, μῖνος, ἡμίονοι,
ἀπεμοῦμ, ματραγοῦρα, μανδραγοῦρα, ἀμπροσσανάμ.

6. Capsicum longum DC.

(Fraas 169. 267. Heldreich 36. Lenz 541.)

μαχροπίπερον, μαχροπηπέρη, λογγοπήπερι, ταρτεμπελίτης, Darfulfei, δαρφούλφουλ. Vgl. 58, 2 und de Lagarde ges. Abh. 35, 30; 224, 6.

8. Datura Stramonium L.

πεντάδρυν (Plin. var. lect. pentodryon), βρωμοβότανον, δορύκυτον, όρθογύιον, ἔνορον (Plin. neurada, nervada, neurata, nexuada, neurida). Bei Paul. Aeg. 634 F. steht neuras, quam alii poterium vocant; es kommt auch vor Oribas. 504, D.

Nach Diosc. I, 568. II, 603 dem Andere folgten z. B. Rosenthal Synops. 473 = Solanum sodomeum L; Datura Metel L. war den Arabern schon frühzeitig bekannt; vgl. Meyer 3, 213. Ueber den medicin. Gebrauch von Dat. Stram. bei den Singhalesen vgl. Janus Zeitschr. B. 2 p. 812. Für eine späte Einwanderung dieser Pflanze entschieden sich de Candolle Géo. Bot. 731—34. v. Schlechtendal, Bischoff II Bd. II Abth. 204. Schübler und v. Martens, Flora v. Würt. 146 u. a. Anguillara meint p. 270: non conosco altrimenti il Solatro furioso. onde non mi affatichero à recitarne altro. Lenz, Bot. d. Gr. u. Röm. 540 Anm. lässt im Jahre 1859 noch unentschieden, was E. Meyer in seinen bot. Erläut. zu Strabo p. 16 fg. schon 1852 bewiesen, Bertoloni (flor. ital. II, 608) und Fraas 169 gründlich widerlegt hatten. Folgende drei Stellen aus Strabo ed. Kram. B. I, p. 311 l. 21 fg. aus Diosc. und Plin. ed. Sill. B. III, p. 415 l. 3 fg. (von dem letzten sagt de Candolle p. 732 unrichtig: „dont le silence est remarquable"), beweisen sicher, dass Griechen und Römer diese Pflanze kannten, und zugleich die schöne Emendation von E. Meyer, in der Stelle bei Plin. statt ocimi zu lesen euzomi. Beckmann zu Arist. de mir. ausc. p. 179 bringt die Stelle aus Strabo in Verbindung mit dem Limeum bei Plin. XXVII, §. 101 über das Diefenbach Orig. Eur. 376 zu vergleichen ist und Sillig in der Anmerkung.)

9. Hyoscyamus niger L.

(Fraas 169. Diosc. I, 560. Heldreich 37. de Candolle Géogr. Bot. 573. de Lagarde 83, 24. Nicol. Damasc. ed. Meyer p. 101.)

4*

διέλεια, δαιμονιαρεά, ἄτομον, αὔγινον, σαγχαρώνιον, πυθώνιον, τυφόνιον, τηφώνιον, λύκον, ξύλεον, ξυλέχιον, σαφθώ, ἀδάμεον, ἄδαμας, βιλινουντία (Diefenbach Orig. Eur. 258), ὑποκυστίς, ῥαποντική, πεύξ, πένξ, ἱερὰ βοτάνη, γράσα, ἑρμπάγαραρ, ἔρμπα γασάρ, διθιάμβριον, διθυράμβιον, κουρῖτις (cf. 152, 1).

Bei Macer Floridus, der viele griech. Namen verdrehte (sciasis statt ischias, Ipocras statt Hippocrates etc.) steht Jusquiamus statt Hyoscyamus. Dies Wort lesen wir auch bei Maï libr. Dynamid. p. 428 im 2 Cap. und bei Plin. Valerian. II, 28 fol. 48 D: Capsilaginis semen, quod est Jusquiami siliqua. In Ackermann Parabil. medicam. p. 155 fg., bei L. Apulej. de medic. herb. cap. 5 stehen noch folgende Synonyma: dioscyamos, adamenon (Torinus: adaminon), hypnoticon, emmanes, atomon (auginon Torin. Wechel. Hum.), xeleon, insana, Apollinaris, alterculum (laterculum Tor.), calicularis, dentaria, gingan, remenia, fabulonga (faba lupina Tor.), ligea.

145. Cuscuteae Presl.

1. Cuscuta Epithymum L.
(Fraas 170. Diosc. I, 670. Meyer I, 310.)
κεδοῖς, κέδης, ἰνβολούκρουμ, ἐμβολούκρουμ, ματζουκόθρυμβον(?)

Pseudo-Galen de simpl. ad Pat. 84, A: Epithymum est flos herbae assimilis setae subviridis et nauseosus. In den Gloss. Helmstad. B. 31 wird eine Blandonia erwähnt mit den Syn. Cuscuta, Rasta lini (bei Plin. angina lini) und der Uebersetzung Vlassyde.

146. Convolvulaceae Vent.

1. Convolvulus L.
(Fraas 170. Diosc. I, 622.)
μαλακόκισσος, λεπλέτ.

Convolvulus althaeoides L.
(Fraas 171. Diosc. IV, c. 18.)
μήδιον, μῆδον, μηδικόν.

Schol. zu Nicand. Alex. 533 ed. Keil p. 106, 9: καὶ Μῆδον δὲ τὸ Μηδικὸν καλούμενον, ἐστὶ δ' εἶδος φυτοῦ. Ueber medion bei Steph. Magnetes vgl. Meyer III, 378 und Ruellius p. 730.

Convolvulus Scammonia L. •

- σάνιλον, ἀποπλεύμονος, μαχμουτά, σκαμονέα, κάμων. Schol. Nicand. Alex. 484. Usener Alex. Aphrod. Progr. 25, 22.

3. Cressa cretica L.
(Fraas 171. Diosc. I, 482. Nicol. Damasc. ed. Meyer 122.) σωρανϑίς, ἄνϑυλλον, ἀνϑυλλίς, solastrum.

151. Labiatae Juss.

1. Lavandula Stoechas L.
(Fraas 174. Diosc. I, 373. Heldreich 32.)
λαϑαντίς (jetzt λεβάντα, pelasg. levante), ἴφια '(ἴφυον Theophr.), ὀφϑαλμὸς τύφωνος (Πύϑωνος', σουφλώ, συγκλίωψ, στυφωνία.

2. Ocimum basilicum L.
(Fraas 183. Diosc. I, 283. II, 470. Günther Zierpfl. 24. Heldreich 32. Ueber die Leguminose bei Cato: Ocimum vel Ocinum vgl. Meyer I, 344, dann III, 66. 73. u. ed. Nicol. Dam. 100.)
μπράντζα οὐρσίνα, γρασίλι, κεισσαπαρχλισσά, κασσαπαρχλισσά, πορφυρίς (cf. 142, 5), ἄγκυνος, ἀγριοβασιλικόν (? Forskål = Salvia verbenac.), βεδερούζ (Bâdaruǵ in nabath. Landw.), ἄκονος, φαλαντζαμέτ, μισόϑουλος (Ruell. p. 515, 1. Ich las diesen Namen bisher nur bei Sotion und Demetr. Pepagom. Anleitung zur Falkenzucht). Aët. (ed. Steph. 58, E) fügte zuerst dem alten Namen Okimon hinzu „basilicon, i. e. Ocymum regale". Später wurde das erste Wort ausgelassen, daher bei Simeon Seth cap. 5 βασιλικά, bei Hildegard. 116 Basilia und Basilica 68. 23. pelasg. vas.lico, neugriech. ὁ βασιλικός. Vgl. Ideler II 320, 26.

2. a. Ziziphora capitata L.
(Fraas 183. Diosc. I, 446. II, 538 Mentha arvensis oder Prunella vulgaris L.)
ἐχεώνυμον, πολύκνημον, Διὸς ἠλακάτη, κλινοπήδιον.

Was die andere Art bei dem Schol. Nicand. Alex. 57 ist, die aber in Eutecnii Metaphr. ed. Didot p. 235, A, 5 nicht erwähnt wird, ist nicht zu bestimmen.

3. Mentha piperita L.
(Fraas 176 fg. Diosc. I, 382. Heldreich 32. Sillig quaest. Plin. spec. I, p. 20. Progr. Dresd. 1839.)
μακηϑό, μίντη, μένϑος, καυκάνζηρ, βονίδες, περξώ, δυοσμός, τίς, χάς, ἐπιχέλ, (?) ἐπχέλ, νανά.

Mentha pulegium L.
(Diosc. I, 377. Fraas 177. Anguillara 200.) •
γλήχωνας, γλάχων, γαλίοψις (Diefenbach Orig. Eur. 222), πανταγαϑον, δίμορον, βλησκούνη, βλισκούνι, βλήχων, βλιχώνιον, ὀρίνη, ἄλβολος (Diefenbach Orig. Eur. 222), ἀπόλειος, ἀρσένκανϑον.

Ueber „Pantagathon a poetis pulegium dici" vgl. Ackermann zu Q. Seren. Sam. pag. 5 adn.

Mentha silvestris L.
(Diosc. I, 383. II, 511. Salmas. 903, b, D. Sprengel hist. rei h. I, 417. Meyer II, 19. 75. 217. III, 406. 411.)
γόνος Ἀπόλλωνος, Mentastrum (Diefenbach 384). Bei Ackermann zu Q. Seren. Sam. p. 33 adn. lesen wir: „Mentastri — ἄγριον ἡδύοσμον Graeci vocant. Serenus τὴν βαλσαμίταν intelligit. K." und in Apulej. c. 90: Hispani creobula.

Mentha aquatica L.
(Fraas 177. Diosc. I, 271. Ruell. 490, 17.)
Ἀφροδίτης στέφανος, βαλσαμίτα.

Mentha gentilis Sm.
(Fraas 177. Diosc. I, 383. II, 511.)
γόνος Ἄμμωνος, αἷμα Ἄμμωνος, νέπετος.

Apulej. c. 93: Graeci eam minthen agrian, alii minthen orinon, alii diaulon, prophetae haema Hammonos (emaminonon Coll. Wechel.) alii gonos Hammonos, Itali nepetam montanam. Simon Genuensis: Nepita seu Nepitula calamtum gr. vero calamitis ut ap. Diasc: ē auté qdā nepita mōtana q nepitā multi, pprie vocari nolunt alii nepitam gatinam dicunt. Anguillara 292: la seconda specie (Calamenti) hoggi ancora ritiene il nome et chiamesi Nepitella. Ruell. 676: alterum (Calaminthae genus) Italiam nepetam tradit appellare. Nicol. Damasc. ed. Meyer p. 100.

4. Lycopus exaltatus L. fil.

(Fraas 179. Diosc. I, 548.)

ἱερὰ βοτάνη (vgl. 152, 1), σταυρίδιν?, παρδίκιον?‘ μαμμαμά. Bei Steph. Magnet. p. 22 A steht Trigonidis herbac semen, vielleicht = περιστερεών Diosc. I, p. 548, corrumpirt aus dem Syn. τρυγώνιον, das beim Anonym. de herbis 56 τρυγόνιον heisst.

5. Salvia pomifera L.

(Fraas 184. Diosc. I, 381. Heldreich 33.)

κίοσμιν, κόσαλον, πράτεος, σαλβήα, σαλβία, σφάκος (Monatsber. d. Berl. Acad. 1865, 428), βήκιον, βέδον, τζεντογάλη, φασκομηλιά (Forsk. 1 XVIII φασκομίλια = Salvia off., die saftigen Auswüchse werden auf Kreta gegessen und heissen φασκόμηλα), φρασκομηλιά, ἐλελίσφακος, ἀλισφακιά, ἀλλισραγγία, λιγοραγούς, καναβηναία.

Salvia Horminum L.

(Diosc. I, 476. II, 555 de Lagarde ges'. Abh. 48, 27.)

γεμινάλις, ὅρμινον, ὅρμιον, φόρβιον, φόρμιον, ζεντογάλη, σαρκοτρόφι, centrum gallinae.

Salvia Aethiopis L.

ἡμέρα γλῶσσα (hodie).

Hermol. Barbarus Coroll. IV, 719, 533.

6. Rosmarinus officinalis L.

(Fraas 183. Diosc. I, 424. Heldreich 33. Kaumann Symb. d. german. Baukunst Görlitz Progr. 1859, 24. Forsk 1 p. XVIII. Anguillara 91. Günther Ziergewächse der Alten p. 12. Steudner, Symbolik des Zweiges p. 33.)

ῥόζα μαρίνα, ἐκκλήλ (einen ähnlichen Namen für Balanite's aegyptiaca hat Schmidt griech. Papyrusurkunden 382 nach Wilkinson), ἐκκίλελ, δενδρόλιμνον, δράκοντος, καμφάνεμα, Θεοπνοή, μαχαιρίνϑη, ξηρόμυρον, χαμαιδυόσμος, κάχρις·

Joh. Actuar. p. 50 B. flores Rosmarini coronarii, quod Dendrolibanon appellant. Steph. Magnet. p. 52 A. Dendrolibani cinis. (76, A. Thus sive Dendrolibanon ist eine sonderbare Verwechselung, noch auffallender aber Geopon. XI, cap. 15 u. 16.) Simon

Genuensis: Dendrolibanum, Libanotis, Rosmarinus idem. Bei Apulej. Platon. cap. 79 auch Salutaris genannt.

8. Origanum smyrnaeum vel syriacum L.

(Fraas 182. Diosc. I, 372. Heldreich 32. Anguillara 196 fg.) κασσίαλα, σαπωνίς, κιλά, πεσαλέμ, ὕσωπος, λάτερ, σέφα, χασάρ, ζοῦφα, Zuffa.

Auch bei Apic. I, 27 ist Hyssopus creticus diese Pflanze, nicht Thymbra spicata oder Satureja Juliana.

Origanum heracleoticum L.

Ἡράκλειον, ριγάνι, cunila gallinacea.

Ueber die andern Bedeutungen des schwierigen Wortes vgl. Schol. zu Nicand. Th. 626.

Origanum Majorana L.

(Diosc. I, 387. Günther Zierpfl. d. Alten 26. Meyer III, 336. 86. Janus Zeitschr. IV, 1. 222.)

ματζουράνα, μερσικουσίν, μερδουκούς, μερδηκούση, ἐρδικοῦσιν, ἠκίγονος ἴσεως, θραμβές, ὄνος ἴχρεως, σίσατζ, σιζάτζ, σύτραζ, σίμτζε, κουσέλ (κασσίαλα?), μερσαουσάν (μερσικουσίν?), κλημάχη, μαγγυράνα, ματερίνα?, ἀμάρακον, σάμψυχον, σιάψυχον, ὀζολάλουδον? λουλοῦδι? χρυσολόλουλον? οὐρίγανον, ρίγανον, ἀριγάνη (ἀρίγανος auf Kreta jetzt), ἀβαρύ, σειρικά? σάταρ (Tzatar in nabath. Landw.), πέρσα, πούλουδον?

Hierher scheint mir auch zu gehören, was de Lagarde ges. Abh. 83, 3 lieber auf Fumaria off. L. beziehen möchte.

9. Thymus glabratus Lk.

(Fraas 177. Diosc. I, 386.)

μερουόπυος, ἔλπηλον, δεναΐδα.

Thymus graveolens Sibth.

(Fraas 178. Diosc. I, 376.)

τραγορίγανος.

Ein τραγορίγανος Ἡρακλεωτικός wird erwähnt bei Paul. Aeg. lib. VII, 4. τραγορίγανον ὄρειον im Etym. magn. 763, 30. Nicand. Alex. 308 ed. Didot. 310 ed. Schneid. und pag. 155. Schol. ad Nic. 211, A, 3. ed. H. Keil p. 94. Zonar. p. 1742.

Thymus Zygis L.
(Fraas 178. Rosenthal Synops 410 und dazu die Bemerk.
in Zarncke lit. Centralbl. 1862 p. 146.).
ἔλπηλον, ζηγῆς ἀγρία (ὕγίς Theoph.)?
Thymus serpyllum L.
(Diosc. I, 386. Fraas 177. Lenz 520. Günther Ziergewächse
d. Alten 27. 28.)
συρέπουλον.
Thymus acynos L.
(Diosc. I, 390. Sprengel hist. rei h. I, 417. Ruell. 685, 35.
Lenz 523. Günther 25.)
προβατεία, πορφυρίς, ϑυρσίτης, ϑερμούτιν, αντίμιμον,
αὔγιον, νεμέσιον, ὑαινόψυλον, Glastum, Ocimastrum.
10. Satureja capitata L.
(Fraas 174. Diosc. I, 384. Heldreich 33. Meyer II, 248.
Lenz 523. Günther 27.)
μόζουλα (Diefenbach Orig. Eur. 396), μαχούλ, ϑρύμπος (neugr.
ϑρούμπι, . pelasg. ϑrumb), ϑύρσιον, στεφάνη, χάσε, ϑριμβόξυλον.
Cephalota bei Benedictus Crispus v. 6 und Seren. Sam. 427.
Wenn zu dem letzteren Ackermann p. 80 sagt: Plinius cunilam
appellat capitatam; locum tamen non invenio, so kam das wol
daher, weil in Plin. XXXII, §. 126 ed. Sill. statt capitata die Handschriften VRd lesen: capita.
Satureja Thymbra L.
(Diosc. I, 385. Meyer I, 378.
σαυτρία, τρίβη, Camila (p. 446 libr. Dynamid. ed. Maï).
13. Melissa altissima Sibth.
(Fraas 182. Diosc. I, 453. II, 541. Heldreich 33. Lenz 525.)
μερισειμόριον (Diefenbach Orig. Eur. 440), μελισόχορτον, μελισ-
σόφυλλον (ibid. 385), μελισσοβότανον, μελίτεια, μελίτταινα, με-
λίτταιον, μελίφυλλον, βαλωτή, ἐρυϑρά, ἀπιάστρουμ, τημελῆ,
κιτράγω, τουνάτζ, λάχ ἴα, λαχὰς χίας.
Bei Hesychius steht: μελίταιναν ἔνιοι μελίκταιναν; das letzte
lesen auch alle Handschriften bei Nicander Th. 550. 555, wo der
Scholiast es aber nicht richtig auf πράσιον bezieht. Vgl. über dies
Wort Needham ad Geopp. XV, 5, 6 und Lobeck Proleg. Path.

34 adnot. 33. Wahrscheinlich gehört hierher auch das bei demselben Schol. vorkommende μελισσόβοτος·

18. Lamium striatum L.
(Fraas 185. Diosc. I, 450. II, 540. Lenz 526.)
λευκὰς ὀρεινή?, μόροξος?, Leucographis? mesoleucon?
Plin. lib. XXVII, §. 77, 78, dazu Ruell. 730. Anguillara
220. In den Schol. Nicand. Th. 849 ed. Didot heisst es: περὶ δὲ
τῆς λευκάδος ἀγνοεῖται, περὶ ποίας φησίν. Ἀντίγονος μέντοι τὴν
λευκὴν ἄκανθαν λέγει, ὁ δὲ Νίκανδρος τὴν λευκάνθεμον. Καὶ
ἤρυγγος δ᾽ εἶδος λαχάνου ἀκανθώδους, οὗ τὴν ῥίζαν ἀθερεῖδα φη-
σὶν ἢ διὰ τὸ θερμὴν εἶναι, ἢ διὰ τὸ ψυχρὰν εἶναι. Anders aber
lesen wir bei Keil p. 67, 7 fg.

21. Stachys recta L. — ?
(Diosc. I, 530. II, 589.)
παριταρία (peritaria Hippiatr. p. 76), γόνος, οὖρα σκορπίου,
ποτηροπλύτης, οὐδηδόνιν, σενδιονώρ, ξανθοφανέα, σιδηρῖτις.
Anguillara p. 256: La prima Siderite si trova à Crapano
Isola della Schiavonia con foglie simili alla Salvia, e al Marrobio,
ritagliate come quelle della Quercia. produce un gambo piccolo,
quadrato, alto una spanna, pieno di verticilli non diversi da quelli
del Marrobio, con fiori bianchi. La radice è grossa, come il deto
minore della mano. nasce ne' luoghi asciutti.

23. Marrubium vulgare. L.
(Fraas 180. Diosc. I, 454. II, 542. Lenz 527. Anguillara
221: Prasio. chiamasi Marrobio.)
μαυρόμαρσον, γόνος Ὥρου, ἄφεδρος, ὀζηλίδα, τριπέδικλον,
ἀστερόπη, αἷμα ταύρου, πράσιον (151, 13), φιλόπολις, φιλόφαρες·
Bei Plin. ed. Sillig XX, §. 241 steht philochares und die
Lesarten philopaeda ad. philopheda V. .... padam, Appul. Simon
Genuensis, den er hierbei nicht nachschlug, hat noch philogates.
Prasion esse marubium Latinis docet Hummelbergius, sagt Ackermann zu Q. Seren. Sam. p. 70 adn. Vgl. desselben Parabil. Med.
p. 206. 326.

24. Ballota nigra L.
(Fraas 180. Diosc. I, 452. Lenz 527.)
αἷμα ἰσίωνος (= Σίωνος?) αἷμα Σίωνος, μέλαν, ἔσκε, βαλωτή,

νῶφρυς, ' νοσπρασσοῦ, ἀσφός, νωστελίς, νοχελίς, νοφράν, νοτιανοσκέμιν.

Paul. Aeg. 616, C: Ballote, quam Marrubium nigrum vocant.

25. a. Sideritis syriaca L. — ?

(Fraas 175. u. XI. Diosc. I, 503. II, 570. 580. — oder Betonica alopecuroides L. ? — Aem. Macer ed. Bas. 64.)

ρίζα Ξεία, ἱερὰ βοτάνη, δυπρίνιον, φεριπόνιον, κροκολύκιον, ρίζα περιστερᾶς, δροσιοβότανον, ἀνΞρακοβότανον, χυχώτροφον, χυχότροφον, ψυχότροφον, ψυχρότροφον, κοσμική, βέστρον, κέστρον, μπετόνικα, βετόνικα (Diefenbach Orig. Eur. 438), βιτονίκη, βετονίκη, βεντονίκη, βεττονική, κουρέλη.

Paul. Aeginet. pag. 233, 16; Meyer II, 417. Oribas. B. IV, 577, 3. 33. Anton. Musa de herba Vettonica cf. Janus Zeitschr. B. I, 656. Betonica bei Theod. Prisc. im Experimentarius Medicinae 1544 pag. 97, A. 101, A. Bethonica bei Aesculap. medicus in Physica Hildegard. 1533, 65, B. Bachenia für Bathonia, Pandonia (bei Apulej. Platon. Pandiona) in Phys. Hildegard. 23* u. 135 ist Betonica off.

28. Ajuga Iva L.

(Fraas 172. Diosc. I, 500. Lenz 529.)

πιτυσόρυσις, δοχελᾶ (Diefenbach Orig. Eur. 329), αἷμα ᾿ΑΞηνᾶς, χαμεπήτης (ibid), καμεφητούς (χαμαιπίτυς).

29. Teucrium Polium L.

(Fraas 173. Diosc. I, 459.)

μέλοσμος, ἐβενίτις, φευσασπίδιον, λεοντόχαρον, ἀχαμενίς, βέλιον, κεντόκουρα, τεύτριον, πόλιον.

Bei Alawwâm 60 heisst die Pflanze Gadadt, bei Ibn Sina und Ibu Baithâr Gada.

Teucrium Scordium L.

(Fraas 172. Diosc. I, 460.)

ἀφώ, αἷμα πόδοτος, αἷμα πόδοντος, αἷμα ἰκτῖνος, ἄζουμα, ὀνόσκορδον, σκόρβιον, σκόρδιον.

Teucrium flavum L.

(Diosc. I, 448. Fraas 172.)

τεύκριον, ἀτεύκριον?, ψυχή? τεύτριον.

152. Verbenaceae Juss.

1. Verbena officinalis L.

(Fraas 186. Diosc. I, 549. II, 598. Lenz 529.)

μπερμπένα, Διὸς ἠλακάτη, περιστερεόν (vgl. 1 Kyranide s. v.
Kynaedios), κουρῖτις, πεμψεμπτέ,. πεμφᾳεμφᾳά, πάνχρωμον,
ἱππάρισον, ἐρυσίσκηπτρον, "Ηρας δάκρυον, αἷμα ῾Ερμοῦ, ἱερα
βοτάνη, ἱεροβοτάνη.
Marcell. Emp. 348, C: Hiera botane, 290, A: Hierobotanon.
Bei Plin. Valer. f. 42, D steht das hieraus corrumpirte Probati-
cam. Isidor 17, 9, 55. Bei Hermes Trismeg. kommt vor πε-
ριστερὰ ὀρᾳή, auch ἱερὰ βοτάνη, aber in der lat. Uebers. Artemisia, und dann περιστερεὼν ὀρᾳός (vgl. 151, 4). In Pseudo-Gal.
de simpl. ad Pat. 83, H steht Erificium, corr. aus dem bei Diosc.
angeführten ἠριγένιον. Nach Ackermann in Parabilium medicamentorum scriptores antiqui p. 151 hat L. Apulej. de med. herb.
cap. 4 ausser den oben erwähnten noch folgende Synonyme:

dichromon, callesis, aristereon, cyparisson, Demetria,
Asclepios alcea, verbenaca, licinia, lustrago, columbina supina,
militaris, vertipedium, crista gallinacea, trigonion, chamaelyjon,
sideritis, curitis, phersephonion.

In der Sammlung des Albanus Torinus (1528) stehen noch
folgende: gerebotanon, orthon, diosatis, pecorobon, militaria,
trigonon, camelicon. In der Collectio Wechelii Par. 1529: arystercon, viniacia, diosatum, petoromon, sipisection, vertatiperum.

7. Vitex agnus L.

(Fraas 185. Diosc. I, 129. Heldreich 34. Ruell. 349, 18.
Meyer III, 66. 534. Botan. Zeitung 1866 pag. 136.)

γυγαία (wohl λυγαία — pelasg. liγaré), λιγαρέα, λιγοραία,
ἀρατριφάγια, ἀμικτομίαινον, ἄγυστος, σεμνός, σούμ, τριδάκτυλος,
ἄἴα, — ἀγνόκοκα, ἀρνόκουκα, λιγεόκουκα, λιγαιόκουκα, ἀλυ-
γαιόκοκα, δατισκᾶ, ἀγνός, ἄγνως.

Bei Myreps. 471, D steht in der Anm. zu lacrymae ligaeae:
graecus Nicolai cod. habet λιγαίας; quid autem λιγαία sit, me
ignorare fateor. Da nun Eustath. sagt περὶ λύγου· λέγεται δὲ
λυγέα ἰδιωτικῶς, so sind dies hier und Lygeae folia 30 A, Ligea

herba 33 A, Ligni lacrima 30 A, Lysseae herbae 8 A bei Steph. Magnet. nur verschiedene Lesarten desselben Namens; ob mit diesem Worte zusammengehört λευκόφυλλος bei Arist. mir. ausc. 846, 29 ed. Beckmann 343, bei Plut. de fluviis ed. Hercher (vgl. Meyer II, 156), Val. Rose Anecdota graeca 14, wage ich nicht zu entscheiden.

155. Sesameae DC.

1. Sesamum orientale L.
(Fraas 187. Diosc. I, 241. Heldreich 38. Prosper Alpinus rer. aegypt. lib. p. 159. Vgl. meine Bemerkungen zu Lenz 546 in Zeitschr. f. d. Gymnasialwesen B. XV, 280.)
σησαμάτον, ἀντικύρικον, σησαμότουρον, σησάμινον ξύλον, σέμσεμ (vgl. Forskål 113 u. Meyer III, 75), σέμ, τζουτζουλέντην, σαμέλαιον, σήσαμον (Usener Alex. Progr. 7, 10 und Oribas. IV, 580, 2. 594, 9. 626, 14. 630, 24.).

158. Orobancheae Juss.

1. Orobanche grandiflora Bory.
(Fraas 187. Diosc. I, 284. Lenz 547. Anguillara p. 89. Unger Reise in Griech. 129)
Ꝃυρσίνη, λύκος (auch heute), λέων, ὀσπριολέων.
Paul. Aeg. 635, G. Aët. 45, G.

159. Scrofularineae R. Br.

1. Verbascum limnense.
(Fraas 191. 203. Diosc. I, 597. Schol. Nicand. Th. 838.)
ἄρκτιον, Ꝃρυαλλίς, λυχνῖτις, μανοῦλα, φιτιλεά, diesathe, hermirudon? nihad, tasso barbasso, φάκλα.

2. Scrofularia peregrina L.
(Fraas 189. Diosc. I, 589. II, 616. Sibthorp flor. gr. 1, 435. Unger Reise in Griech. 129.)
γάλεφος, αἴꝃοπι, κόκλαστον?

Anguillara 278. Rari sono in Italia i luoghi, ove nasca la vera Galiopsi; benche molti si affaticano à mostrare per quella, chi una cosa, e chi un' altra: ma però niuna delle mostrate è la vera, ne alcuna di quelle sana le scroffole, come vuole Dioscoride, ne fa quelli effetti, che si ricercano. Hor io dirò di una pianta, di cui ne ho veduta la isperienza, e che conviensi alla descrittione di Dioscoride. Nella Bosna si trova una pianta, che fa molti rami in guisa di Sufrutice, con foglie simili all' Ortica, ma minori, e liscie, con fiore piccolino, come di Ortica, ma porporeo, e di odore gravissimo. le radici ha simili à quelle dello Elleboro nero. Et è cosa certa, che sana le scroffole i dieci giorni, si come io vidi in quelle parti nella Verana sanare una Turca, da una strega Mora. Il suo nome è tato strano, ch' io nō ho mai potuto imparare à scriverlo che ben istia: pure il pronunciaremo cosi, Lanovitaz. ma quelle genti vi aggiungono in principio una certa lettera, che noi con nostri caratteri non possiamo esprimere. Questa parola non so, che significhi, ma in lingua Schiava vuol dire Marrobio. Honne trovato ancora ne' monti del Friuli appresso le case, e lungo i fossi. questa pianta è anco familiarissima alla Grecia.

Nach dieser Beschreibung kann die Deutung von Brunfels I, 153 und Bock 2 als Lamium purpureum nicht mehr stichhaltig sein. Sprengel erkannte ganz richtig darin die zuerst von Camerarius hort. med. p. 157. t. 43 beschriebene Scrofularia peregrina.

6. Antirrhinum majus L.
(Fraas 188. Meyer II, 74. J. Caes. Scaliger in plant. Ar. 68, D.)
ἀνάρρινον (Nicand. fragm. 34 ed. Schneider p. 116), os leonis.

161. Primulaceae Vent.

2. Anagallis arvensis L.
(Fraas 192. Diosc. I, 327. de Lagarde ges. Abh. p. 60. 61. Anguillara 180: Pavarina.)
χόρχορος, κόρχορος, κόρκορος (Nic. Th. 626. 864 c. Schol. et Eutecnii Metaphr.), ἡμυόεν, μύον, μικιεί (Macia bei Marcell.

Emp. 252, D), μεκίατο, μεκιάτουρα, μασιτίπως, μασύτυπος, μασύτειπος, ζηλίαυρος, τζήτζ, τζητζή, ζίτζη, μασουχά, μασουάφιον, ἀλίουρος, ἀλιουρόφθαλμος, ἀπλάτιον, ἄντουρα, τάντουμ, τοῦρα, τοῦρα δουπάτω, αἷμα ὀφθαλμοῦ, αἷμα ὀφελίμου, αἰγῖτις, πελαγῖτις, σαυρῖτις, κέρκερ, κερκεραφρών, ἀερίτη, σαπουνίδα, σαπάνα (Diefenbach Orig. Eur. 416 s. v. σαπάνα u. Samolus), νυκτερίτις (so muss es auch bei Theod. Prisc. heissen, nicht Nycteridis radix IV, p. 82), κολλάριον (Ruell. p: 569), Oxalis? (Janus Zeitschr. III, 183), morgellina, gallinae morsus (Ruell. 568). Hermes Trismeg. unterscheidet auch wie Diosc. eine rothe und eine blaue (vgl. Orib. IV, 561, 35).

3. Lysimachia atropurpurea L.

Da λυχνίς, λυχνῖτις, θρυαλλίς nicht blutstillend sind, bei griechischen Aerzten nichts ähnliches vorkommt, so ist bei Paulus Aeg. III, 24 statt ἢ τὴν καλουμένην λυχνίδα ἔνθες τῷ μυκτῆρι wohl das λυσιμάχιον zu substituiren, dessen Dioscorides und Marcellus Empiricus in dieser Beziehung erwähnen. Ueber θρυαλλίς vgl. Schneider Nicand. p. 101.

4. Coris monspeliensis L.

(Diosc. I, 512. II, 574.)

σύμφυτον πετραῖον, πετραῖον·

Nicand. fragm. 71, 2 ed. Schneider.

Anguillara p. 249. Simphito primo. Diversamente si legge una clausula in Dioscoride nel capitolo del Simphito Petreo, alcuni leggono φύλλα κεφάλια ὡς θύμου: ma cosi sta male: peroche bisogna leggere φύλλα καὶ κεφάλια ὡς θύμου· altri leggono κεφάλια δὲ ὡς θύμου. e cosi leggendosi ad un modo i rami, e le foglie di questa pianta seranno simili all' Origano, e stando il testo ad un' altro modo i rami seranno simili all' Origano, e le foglie al Thimo. Ma, perche non conosco pianta veruna, che si confaccia à niuna di queste descrittioni: non posso dirne altro.

9. Cyclamen graecum Lk.

(Fraas 192. Diosc. I, 303. Heldreich 104. Lenz 548. Anguillara 175: Pan porcino.)

ἀρκάρ, ἄρχρα, τριμφαλίτης, ἀρτανήθε, κάσσαμον (cf. fam. 13), ἀσφώ, ρεφέκλα, βάργαϑα, χουβζέλ, κουκούρδ, μιασφώ, ϑέσκε, ἐλεμούρουν, κυκλάμινον, τρικλαμίδα.

Herba orbicularis bei Marcell. Emp. 257, H. 347, D. — Oribas. II, 271, 2. 131, 14. 730, 4. IV, 554, 4. 562, 37. 565, 3. 545, 27. — Janus Cornarius setzte nach Vergleichung mit zwei Stellen bei Dioscorides in Paul. Aeg. lib. V, 34 statt der unrichtigen Worte πευκεδάνου ῥίζαν das allein zutreffende cyclamini radix. In L. Apulej.· de medic. herb. cap. 18 ed. Ackermann p. 172 lautet der Absatz über die Synonyme folgendermassen: Graecis quibusdam dicitur cyclaminos, aliis cissaron, aliis cissanthemon (ciseron anthimon, chiseron antimon, Torin. in marg.), aliis cissophyllon, aliis chelonion: Zoroaster trimphalites, Osthanes aspho, prophetae miaspho, Aegyptii theske, Itali orbicularem, alii palaliam (Paladia, Itali titothos, Torin.), alii rapum terrae, alii rapum porcinum, alii terrae malum vocant sive panem porcinum, Syri elardia (florvia in marg. Torin.).

164. Ebenaceae Juss.

1. Diospyros Ebenum Retz.
(Fraas 193. Meyer bot. Erläut. 73. 159. Lassen, ind. Alterthumskunde I, 253. III, 53. Lenz 550.)
ἐμπένο·
Paul. Aeg. 619, D. Aët. 17, F.

165. Styraceae Rich.

1. Styrax officinalis L.
(Fraas 194. Diosc. I, 82. Heldreich 38. Die älteste vollständigste Nachricht bei Strabo cf. Meyer bot. Erl. pag. 54 fg. und Gesch. d. Bot. III, 373. Lassen, indische Alt. III, 54. Dietz Schol. in Hipp. et Gal. II, 460 adn. ἀπὸ δὲ Ἰσαυρίας ὁ στύραξ ὁ γομφίτης etc. Ermerins Elenchus simpl. 213 in Aretaei opp.)
χασαλλυμπάν, μυλοστράκιον — κουτζούμβερ, κουτζουβάην, cozumbrum, κουτζούβιον, στυράκιον·

Simon Gen: Coz. dicitur q ē fex storacis liqde. Aus der Nachricht bei Joannes filius Serapionis de simpl. med. Venet. 1552 cap. 46 über Storax zum Räuchern in den Kirchen lässt sich auch schliessen, dass er ein Christ war.

167. Ericeae R. Br.

2. Arbutus Unedo L.

(Fraas 77. 195. Heldreich 39. Diosc. I, 154. Langguth antiq. plant. feral. 34. Lenz 553. Meyer II, 192. III, 66. 69.) κούμαμον, κώμαρον (Anguillara 78: in sul Padovano Comari), κουμαρέα, κούμαρος, κούμαρα (hodie), οὔνεδον.

4. Erica arborea L.

(Diosc. I, 114. Fraas 195. Heldreich 39. Lenz 552. Unger Reise in Griech. 129. Anguillara 50.) μυρτία, ἐρείκη, ἐρείχη.

Pseudo-Oribas. 232, D: Erice. Pseudo-Galen de simpl. ad Pat. 84 B: Erice assimilis Hiricae (corr. statt Myricae).

8. Azalea pontica L.?

(Lenz 555, seine sämmtlichen Citate aus neueren Werken sind entnommen aus Arist. mir. ausc. ed. Beckmann p. 45; aber die zwei auf S. 426 stehenden Citate übersah er. Meyer bot. Erläut. 53 unentschieden, ob diese oder Rhododendron ferrugineum oder Caucasicum, und über seine Deutung Landsberg in Janus, Centralmagazin f. Gesch. u. Lit. d. Medicin. 1853 p. 499. Für Azalea pontica mit Anführung von zwei Beweisen Blau in Zeitschr. f. allg. Erdk. Berlin. Neue Folge B. 12 S. 298 fg. Rosenthal Synopsis 520. Magerstedt Bienenzucht d. Völk. d. Alterth. 89. Diosc. I, 230. II, 453.) αἰγόλεϑρον, aegolethron, egolaethron, egolephron.

170. Campanulaceae DC.

1. Campanula ramosissima Sibth.

(Fraas 196. Diosc. I, 527. II, 587.) ἔρινος, ὑδρηρόν, ὠκιμοειδές, ὤκιμουμ ἀκουάτικουμ. Vgl. Schol. Nicand. Th. 647. edit. Keil p. 51, 21. Da von ἐχῖνος

5

bei Galèn de fac. simpl. VI, 880 dieselben facultates angegeben werden, ist das Wort dort vielleicht nur verschrieben.

Anguillara 255: Non si lascia ben intendere Dioscoride in questo capitolo dell' Erino con quelle sue parole ὅπου δὲ μεστός ἐστιν ὁ καυλὸς καὶ τὰ πέταλα, se produca il succo latteo, over sia, pieno di succo simplicemente. E ben vero, che in molti Titimali usa di dire ὅπου μεστὸς λευκοῦ, con di notare, che quando parlerà di succo semplicemente non vi aggiungerà la parola bianco: e quando le piante il produranno bianco; porrà questa parola λευκοῦ: perche molte sono le piante, che sono succose; che bisogna pur dire ὅπου μεστός. Ma comunque si sia, non conosce Erino che corrisponda in tutto al detto di Dioscoride. per tanto il lasciaremo.

174. Synanthereae Rich.

2. Tussilago farfara L.

(Fraas 209. Diosc. I, 462.)

ἀρκόφυλλον, ἀρκόφυτον,. ῥίχιον, βηχανία, βήχιον, πίθιον, πρόχετον, πετρίνη, ἀσά, σααρθά, χαμαίγειρον, παγόνατον — σκαμπιοῦζα, καμπιοῦζα (cf. 178. 4).

Simon Genuensis: Tesalago a qbusdam vocatur salvia ut ī lib. antiquo de simplici medicina sed tasilago puto (der lib. ant. ist Apulej. Plat. cap. 101).

Anguillara 226 la Tussilagine, over Bechion al tempo presente si chiama Unghia Cavallina, Farfara, à Padova Pecca di Mula. Ruell. 739, 11 aliis farfaria, nonnullis populago, officinis hodie ungula caballina, vulgo pata equina.

4. Aster amellus L.

(Fraas 210. Diosc. I, 605.)

ἰγγυνάλις, ῥαθίβιδα, ἀστερίσκος, ἀστέριον, derdum.

Ruell. 840, 37 u. 41 aster atticus aliqui bubonium, Italia inguinalem vocat. 841, 1 alius aster nunc vulgo stella dicitur. 6, qualis autem Pausaniae (ed. Schubart II, 17, 2 ἀστερίωνα ὀνομάζουσι καί τὴν πόαν) sit herba ... quae asterion vocatur ... non comperi. Dieselben Worte stehen bei Hermolaus Barbarus Corollar. IV, 734, 540.

Simon Genuensis s. v. Inguinaria: inquinat etiam vocatur asterion ut supra in ast. — asterion vel astericon lib. de med. antiq. Romani inquit inguinalem dicunt etc.; und wirklich steht bei dem sogenannten Apulej. Platon. auch Asterion cap. 61 ed. Ackermann.

Anguillara p. 214 Amello. Alcuni dicono essere quella piâta, che il Fuchsio ha posto per Aster Attico: altri dicono essere la Chelidonia Minore. Io al presente non giudicherò altro di questa pianta per non essere stato al fiume dello Amello, lungo il quale dice l'autore, che nasce. pag. 284 Aster Attico. Maravigliomi molto, come possa essere, che huomini dotti, e che hanno fatto professione di intendar. Dioscoride, habbiano spesse fiate preso, errore in interderlo, come anco aviene sopra il capitolo dell' Aster Attico; volendo alcuni, che quelle parole ἔχον ἄνϑος πορφυροῦν ἤ μήλινον; ciò è che ha il fiore porporeo, over giallo; non si debbano pigliare disgiuntiamente; ma che con quelle Dioscoride intenda due cose in un medesimo soggetto. ma quanto s'ingannino questi, ogniuno se ne puo chiarire, nascendo il verò Aster Attico in molti luoghi d'Italia, con cinque fogliette piccole, appuntate nella cima, poste in ordine à guisa di una Stella, nel mezo delle quali è il fiore, che ò di color giallo simile al capitello della Chamemilla, overo è di color porporeo. fa il gambo alto un gombito, legnoso, e peloso, con foglie simili all' Olivo, ma asprette, e pelosette, chiamasi in molti luoghi in Italia da gli herbolati Filii ante patrem, e in Grecia nel Peloponneso, e al Zante si chiama Dodecaminitis.

5. Chrysocoma linosyris L.

(Fraas 207. Diosc. I, 545. Günther Zierpfl. 21. Lenz 469. Forskål flora aegypt.-arab. 147.)

δουβάϑ, βουρχουμάϑ, μερτερύξ, Διὸς πώγων, Ἰόβις βάρβα.

Anguillara 264: Io confesso non conoscere il Chrisocome, e però non posso recitarne altra historia; quantumque visieno di quelli, che mostrano per quello, chi una cosa et chi un' altra: ma non hanno quelle note attribuitegli da Dioscoride e da gli antichi.

5*

7. Erigeron viscosum L.

(Fraas XII u. 209. Diosc. I, 468 fg. II, 458. Meyer I, 309. Kuneζoij der Pelasgier bezeichnet sowohl Inula viscosa Ait. (hodie ψυλλήϑρα), als auch I. graveolens Desf.).

ταναχιον, δείνοσμος, δαναῖς, ἠδεμία, κρόνος, ἀκουβία, ἀνουβίας,. κυνοζεμ ατίτις (Plin.·XIX, §. 165 var.· lect. conyzamides, conyza mides), μουστεροί, βρεφοκτόνος, βρεφόνια (? βριφοῦγα Diosc.), κέτι, πάνιος, ἰσχύς, κόνιζα.

Anguillara 230: la prima Coniza si chiama in Puglia Peca- nale, in altri luoghi Policaria. In den Nothis Diosc. 4, 20 steht herba pulicaria als röm. für ψύλλιον, was nicht unwahrscheinlich ist. Bei Theod. Prisc. steht zuerst Pulicaria p. 11 u. herbae pu- licaris semen p. 72. Nach ihm erscheint das Wort erst wieder bei Theod. Gaza in Uebers. v. Theophr. h. pl. 6, 1, 5 statt κό- νυζα; denn auch unter den pulices delentia bei Myreps. 828, B steht conyza und bei Aët. 628, B ist nur rhododaphne und cumi- num erwähnt.

11. Inula Helenium L.

(Fraas 210. Diosc. II, 363. Oribas. B. II, 472, 1; IV, 559, 23; 624, 35; 574, 1; 558, 20, 30; 561, 29; 634, 19; 561, 15; . 553, 12.)

ἔνουλα, ἴννουλα — μηδικάριον? μηδική.

Pseudo-Galen lib. de simpl. med. ad Patern. Hinula campa agrestis p. 443. Marc. Empir. cap. 22, p. 341. A. Pseudo-Oribas. de simpl. in Phys. Hildeg. 253, B.

Inula britannica L.

(Fraas 211. Diosc. I, 470. II, 549.)

κόνυζα τρίτη.

Inula odora L.

ἀγριοσκάρφι (hodie).

Ob βρεττανική bei. Diosc. I, 505 hierher zu ziehen ist, ist noch immer zweifelhaft, vgl. II, 571: nullam plantam tam contro- versam esse apud patres rei herbariàe quam britannicam. Aus der Stelle bei Apulej. c. 30 ist nichts zu entnehmen.

15. Gnaphalium Stoechas L.
(Fraas 208. Diosc. I, 546. Günther Zierpfl. 22.).
ἡλιόχρυσον, λαγοκοιμητία (sic dicta quod hisce herbis lepores cubare ament Belon. 1, 17; oder corrumpirt aus καλοκοιμτ᾽θικός?)
Gnaphalium sanguineum L.?
(Fraas 208. Diosc. I, 390. II, 515. Meyer II, 363. de Lagarde ges. Abh. 271, 22.)
βάκκαρις.
Hippocrat. de nat. mul. p. 535. 549. Erot. expos. voc. Hipp. —
Athen. 15, p. 690 D. Lucian Lexiph. 187. Plin. XXI, §. 29 fg.
§. 132. Paul Aeg. 616, B. „Baccharis, boni odoris herba est, similis cinamomo, coronaria et acris. Hujus radix decocta obturata reserat et urinas et menses movet. Folia ipsius adstringunt et fluxionibus prosunt. Oribasius hat nur die Stelle des Dioscorides. Da die Baccharis des Diosc. uns noch immer eine ganz unbekannte Pflanze ist, will ich zuerst vollständig geben, was Anguillara p. 25 fg. darüber sagt, selbst wenn ihn diesmal Sprengel zu Diosc. II, 515 nennt: temeritatis accusandus insuetae. Dell' Asaro.

Ancora mi dimandate quello, ch' io senta sopra l'Asaro, e se esso sia una cosa medesima co'l Bacchare, over diversa. Dicovi, Signor mio, che per quanto ho potuto investigare, e leggere, io non trovo, che Dioscoride conoscesse herba alcuna con questo nome Bacchare: e giudico, anzi tengo per fermo, che quel capi. in Dioscoride sia adulterino, e aggiunto da altri. E per molte ragioni mi sono indotto à creder cio. Primieramente questa voce Bacchare si vede essere piu to sto Latina che Greca. Ne si trova, che alcuno scrittore Greco di quelli che furono innanzi Dioscoride, over al suo tempo, over poco doppo lui, habbia mai fatto mentione di pianta alcuna di tal nome: come in Galeno, e Aetio si può vedere, i quali pur una parola non parlano di questo Bacchare. Ne importa, che Atheneo faccia mentione di Baccarin, ò Pancarin; perche questo non è pianta, come alcuni si pensano in gannandosi, ma un' onguento. E, se alcuno mi dicesse che in Paolo Egineta, et in Oribasio si trova il capitolo del Bacchare separato da quel dell' Asaro, e che però sono differenti: io non negherò, che questi due capitoli non si trovino in Paolo; ma affermerò bene, che assai

tempo doppo Galeno questo nome Bacchare appresso gli scrittori
Greci venne in luce. E ritrovandosi, che Paolo, che parla de i
Semplici di Galeno, tratta del Bacchare, del quale non ha fatto
mentione Galeno: ne seguita necessariamente una di due cose, overo
che questo Bacchare manca in Galeno, overo che Paolo ve l'ha
aggiunto di piu. ma ne l'uno, si dee credere. Resta adunque à
tener per fermo che da qualche corruttore de libri sia stato inserito
in Paolo. E l'istesso dico di Oribasio. oltre à ciò, si. vede che il
capitolo del Bacchare in Dioscoride dal suo principio in fuori è stato
cavato tutto dal capitolo dell' Asaro quasi di parola in parola come
si può chiarire ogniuno confrontando un capitolo con l'altro. E
però alcuni forse mossi dalla similitudine di questi due capitoli,
e tenendo per fermo, che Dioscoride scrivesse il capitolo del
Bacchare per vedere, che Paolo et Oribasio ne hanno trattato, ne
sapendo in che modo accomodare questa cosa, si hanno imaginati,
che una buona parte del capitolo dell' Asaro, a punto quella parte,
che fu inserita nel capitolo del Bacchare da chi che si fosse, sia
adulterina. e però l'han troncata via dal restante come aggiunta
da altri. E questi tali han fatto troppo grand' errore stroppiando
il capitolo legitimo per tener in piede, e sostentar' il spurio percioche tutto il capitolo di Dioscoride dell' Asaro si dee leggere intero,
e non tronco, che cosi ci fu lasciato dall' autore. E perche Crateua Herbario molto celebre havea scritto dell' Asaro, ma non cosi
essatamente come il bisogno richiedeva; Dioscoride scrivendo ancor
egli dell' Asaro si servi di una parte del capitolo di Crateua re-
gistrandola nel suo, e'l resto come impertinente pose da banda. e,
quando hebbe posto i medicamenti di questa pianta tanto i suoi;
quanto quelli di Crateua; Soggiunse poi nel fine del capitolo queste
parole. Crateua Herbario di questa pianta cosi lasciò scritto. E,
che la cosa stia così, mi ritrovo nelle mani alcuni fragmenti di
diversi autori Greci scritti à penna antichi, ne' quali si legge
quanto dell' Asaro scrisse Crateua, e conoscessi da questo, che
tutto il capitolo dell' Asaro in Dioscoride è legitimo potendosi
vedere per lo detto fragmento, che quel capitolo è composto in
buona parte dalle parole di Crateua, come anco confessa l'istesso
Dioscoride. La parole di Crateua ne' detti fragmenti sono queste.

βοτάνη εὐώδης· ·στεφανοματική. καυλία γωνιοειδῆ. φύλλα δασέα
ἄνϑη δὲ πορφυρᾶ. εὐώδης ῥίζα. ὁμοία τῇ τοῦ ἐλλεβόρου. ἐοι-
κυῖα τῇ ὀσμῇ κιναμώμῳ. γενᾶται δὲ ἐν τραχέσι χωρίοις καὶ
ἀνίκμοις· ταύτης ἡ ῥίζα ἑψηϑεῖσα ἐν ὕδατι. βοηϑεῖ ῥήγμασι.
σπάσμασι. δυσποίᾳ. βηχὶ χρονίᾳ. δυσουρίᾳ. ἄγει δὲ καὶ ἔμμηνα
καὶ ϑηριοδήκτοις χρησίμως σὺν οἴνῳ διδομένη· τὰ φύλλα στυ-
πτικὰ ὄντα καὶ καταπλασσόμενα ὠφελεῖ εἰς κεφαλαλγίαν. ὀφ-
ϑαλμῶν φλεγμονάς· καὶ αἰγίλωπας ἀρχομένους. καὶ μαστοὺς ἐκ
τόκων φλεγμαίνοντας καὶ ἐρυσιπέλατα. ἔστι δὲ καὶ ὑπνοποιὸς
ἡ ὀσμή.

Credo, che potete hormai esser chiaro dell' inganno. Ma se
ben io ho mostrato il capitolo del Bacchare essere adulterino e
perciò doversi cavare fuori del testo di Dioscoride, non crediate
per questo, che vogli inferire, che il Bacchare, l'Asaro siano una
cosa medesima; perche, quando io havessi questa opinione; sarei
in troppo grande errore. Ma io dico solamente, che i Greci non
hanno pianta alcuna, che habbia questo nome Bacchare, e che il
capitolo del Bacchare in Dioscoride è l'istesso capitolo dell' Asaro:
ma traportato, guasto, e lacerato da qualche sciocco, che si dovea
sognare. Quel, che sia poi il Bacchare dei Latini, certamente che
non ve ne posso dire cosa, che sia risoluta: percioche Vergilio
non ne lasciò figura alcuna. Plinio poi descrivendo il Combreto
il somiglia al Bacchare, quando dice, „Combretum Bacchari simil-
limum traditur, nisi quod procervis est foliorum exilitate usque
in fila extenuata“. e ancora nel libro 21 al capitolo 19. dice che'l
Bacchare è simile al Combreto. E da queste parole di Plinio si
cava che il suo Bacchare sia differente ·dal Bacchare tenuto per
quello di Dioscoride.

Obige Ansicht des Anguillara widerlegte, ohne ihn jedoch zu
nennen (non defuerunt, qui), Matthioli nach Exemplaren, die er
von Andreas Lacuna Secobiensis und Julius Moderatus erhalten
hatte. Das war aber der ungenauen Beschreibung nach Conyza
squarrosa L. Leon. Rauwolf und andre, die Sprengel im Commentar aufführt, erklärten die Baccharis für Gnaphalium sanguineum L. Simon Genuensis giebt nur Allgemeines, aus dem
nichts zu entnehmen ist, Matthaeus Silvaticus übergeht das Wort.

Aus der langen Stelle im Corollarium 46, 4. des Hermolaus Barbarus ist gleichfalls nichts zu entnehmen; es ist zum Theil dasselbe, was auch Ruellius 686 hat. Hier kommt aber noch folgendes Synonym vor: rura apud nos „divae Mariae chirothecas“ appellant. Ausführlich, aber resultatlos behandelt die betreffenden Stellen der Alten Salmas. Exerc. Plin. 752.

15. a. Evax pygmaeus L.

(Fraas 209. Diosc. I, 612. II, 630. Anders aber Meyer III, 498.)

κροκομέριον, ζωόνυχον, δαφνοινής, δαμναμένη (cf. 4, 22), ἰδιόρυτον, αἷμα κροκοδείλου, ἀετόνυχον, φυτοβασίλα, λεοντοπέταλον (aber pes leonis als Syn. v. Pentaphyon, i. e. Gudubal in lib. Dynamid ed. Maï 438 gehört nicht hierher).

16. Artemisia L.

(Fraas 207. Diosc. I, 371. Diefenbach Orig. Europ. 272.)

κουσοῦϿε, ἀψίνϿιον (vgl. Neumann, Hellenen im Scythenlande I, 27), ἀψιϿέα (heute ἀψιφηά u. ἀψιδηά = A. arborescens L.) ἀσπίϿιον, ἀψινϿιόμηνον, ἀνκκιδάν, σόμι, κυναγχίτης, ϿηλυφϿόριον, ὀελχολάφ, σιχαρμένη, ἀβρότονος (Schneider Nicand. Th. 92), ἀβάρονος, Sichen armenium, σήχ, σούχ, σύχ, μηρούλη?, νασσούρη, χολοποιόν, νεῦρα φοίνικος, ἐφεσία, μονόκλωνος (vgl. Irmisch über einige Bot. des 16. Jahrh. Sondershausen 1862 p. 16, 53), πολύκλωνος, ἀγρία μαροῦβιν, πονέμ (pona Apulej. coll. Weichel.), τοξητησία, γόνος Ἡφαίστου, ζαϿήσιεν, Ϳεόπορον, φυλακτήριον, αἷμα ἀνϿρώπου, βουβλίνη, σώζουσα, λεία, Ϳεόνισον, ἀνακτίριος, λυκόφρυξ, αἷμα Κρόνου, χρυσάνϿεμον (fehlt aber im Apulej. v. Torin.), σαγάρ. Im Anonym. de herbis ed. Did. vers. 28 steht λυκόφρυν und 27 πασιϿέα.

Apulej. de med. herb. cap. 11 in Ackermanns Parabil. medic. p.. 164 fg. hat noch folgende Synonyme:

charistelochia, parthenion, hypolysos (lysas Hum. epolissan Torin. in marg.), leucopis (Hum.), leuoophyca (Torin. vgl. oben λυκόφρυξ), anacynon (Torin. in marg. vgl. oben ἀνακτίριος), onicanthe, busbastheoscardian, ost' anthropu, lachanon basilicon, anesen (anesnees Torin. in marg.), neiasar, pexasis et toxobolon (fexasis et corobulon Torin. in marg.), titumen, Zyred, Zuoste, Zouste, serpillum maius, sirium, valentia.

Artemisia judaica L.

(Fraas 207. Lenz 474 Anm.)

σανδονίκη (? σαντόνιον, vgl. Diefenbach Orig. Europ. 416).

Artemisia dracunculus L.

(Meyer III, 365. 50. II, 248. Kerner flora d. Bauerngärten in zool. bot. Abh. Wien B. 5, p. 798.

ταρχόν, τραχόν.

Die von Dufresne citirte Stelle aus Mich. Psell. de fac. alim. steht nicht dort, sondern in Simeon Seth, und werde ich dort ausführlich über das Wort sprechen. Hier bemerke ich kurz nur folgendes. Simon Genuensis sagt in einer jener Stellen, die für seine nähern Lebensumstände und Reisen wichtig sind: Tarcon inquit avic. qdam dixerunt q. pirretron est radix tarcoh mōtani et cet. ego vidi et comedi herbam vocatam tarchon et dicebatur q. erat herba piretri. Hieraus nahm Matth. Silv. in der oben angegebe-Ausgabe nur die Worte: tarcon. est herba piretri. ταρχόν ist buchstäblich das Tharchûn der Araber, sie fand Rauwolf unter dem Namen Tarcon in den Gärten um Aleppo angebaut (Langing. Ausg. p. 73). Dragontea (plur.) in den Capitular. Karls des Grossen ist nicht, wie Reuss meint, Arum Dracunculus, sondern das ταρχόν, das in dem Helmstädt. Glossar dragant, bei Matthioli Dragoncell, Dracuncellus, bei Bal. Ehrhart Dragun heisst. Draganti hat auch Aesculap. (in der oben citirten Ausgabe 68, C; 33, A.) und Theod. Prisc. 71, B. Dracontea in der sechsten antiken Magistralformel des Breslauer alten med. Codex. Im Gegensatz hierzu steht im alten Diction. medic. Hispan. Tarcon, una yerva non conoscida.

19. Anthemis Pyrethrum L.

(Fraas 215. Diosc. I, 421. Lenz 471.)

πύρινον, πυρῖτις, πύρωτον, πύροτρον, πύρωθρον, ἀρτιμόριον, ἀρνὸς πυρίτης, πυρίτης, κεραυνός, κενδής, κενδίς, ὀτουχάχαλ, τεκενδέτ, τεκενεδέτ, σαλιβάρις, δορύκνιον?

Der Schol. zu Nicand. Th. 683 erwähnt noch ·einer ἑτέρα πυρῖτις βοτάνη, was ist das?

20. Chrysanthemum coronarium L.
(Fraas 213. Diosc. I, 485; in II, 560 = Anthemis valentina.
μεγαλόλουδον, μανδηλίδα (jetzt auf Kreta μαντηλίδα Heldreich 78),
γόνος ἄφθιτος, αἴλουρον (vgl. Lobeck Proleg. 145), κάχλαν,
βαλσαμένη, αἴμορρα, γόνος ῾Ερμοῦ, Μνησίθεος, καππακοράνια,
ναράτ, Διὸς ὀφρύς, τζιτζιμβόλα (hodie), βούφθαλμον.
Zu den Gründen, welche Fraas für die Unechtheit von Diosc.
4, 58 beibrachte, fügt Meyer III, 371 aus Steph. Magnet. noch
einen vierten hinzu. — Anonym. de herbis edit. Didot p. 172.
Isidor 9, 93 ed. Otto; über das Chrysanthemon der ersten Kyranide vgl. Meyer II, 366. Oribas. III, 556, 9.

21. Matricaria chamomilla L.
(Fraas 214. Diosc. I, 482. Meyer II, 337. 393. 410. Ruell.
753, 23. Oribas. IV, 559, 10. 15. Heldreich 26.)
ἀαλία, μαρωδιά (cf. 118, 11), χαμαίμηλον (hod. χαμομηλεά),
χρυσοκαλίς, ἀστηρτιφή, ἀσίρτη φερά, ἄνθεμις.
Persea sylvestris bei Steph. Magnet. 21, B ist gewiss nicht
unser Persica, sondern es muss heissen Persa. Dies Wort steht
auch im cod. Nicolai, wo aber in der lat. Uebers. (Myreps. 720, E)
fälschlich Persia gesetzt wurde. Nach den alten Gloss. = ἀμά-
ρακος Galeni.

21. a. Cnicus ferox L.
(Fraas 204. Diosc. I, 356.)
πορδόκανος, Alolac, ἄκανθα λευκή, βουνάγκαδα (hodie).

22. Senecio vulgaris L.
(Fraas 210. Diosc. I, 590. II, 616.)
ἰριγέρων, ἰρήγερον, ἠριγέρων, ἄφραστον, ἀζαρίτ, κερὰ ἀζάριον,
κόρταλον, ἐρεχθίτης.

23. a. Doronicum Pardalianches L.
(Fraas 211. Diosc. I, 574. II, 606. de Lagarde ges. Abh.
175 fg. Beckmann zu Arist. de mirab. ausc. p. 22 fg.)
ἀκόνιτον (auch ἡ ἀκόνιτος cf. Meineke Anall. 64), παρδαλιαγχές,
πορδαλιαγχές, κάμμορον (Lobeck Proleg. 271), θηλυφόνον, μυο-
κτόνον, θηροφόνον.
Vgl. Schol. zu Nicander, Alex. v. 13, edit. Didot 202, B, 48;
v. 36, pag. 203, B, 11; v. 42, pag. 203, B, 53. Eutecnii Metaphr.

ibid. p. 234, 40; B, 41. Schol. ed. H. Keil p. 78, 28; 79, 46; πόα ἡ λυκοκτόνος bei Philae Vers. de anim. prop. ed. Did. 1126 ist aber Aconitum Napellus L.

24. Calendula arvensis L.

(Fraas 216. Meyer I, 9. Diosc. I, 515. II, 577.)

μεργίνη.

Hierher gehört die κάλχη in Schol. Nic. Ther. 257 u. 641; die in Orph. Argonaut. 962 soll nach Schneider eine Caltha sein; über das Wort vgl. Lobeck Proleg. 506.

27. Cynara scolymus L.

(Fraas 202. Diosc. I, 358. Lenz 480 fg. de Candolle Géogr. Bot. 725 üb. Opuntia, 720 üb. Cynara Cardunculus. Meyer I, 192. II, 243. III, 375 und bot. Erläut. 172. Heldreich 27. Beckmann Beitr. z. Gesch. d. Erf. II, 198 fg.)

σκόλυμβρος, σκομβροβόλο, φέρουσα, ἀσκόλυμβρος, ἄτηξ, κνοῦς, χαμαιρώς, πάππος, κάρδος, κινάρα, κυνάρα, κύναρος (Eustath. 1822, 23. Lobeck Proleg. 8), ἀγκιναρία, ἀγκυναρία, ἀγκινάρα (ἀγκυνάραις hodie), ἄκορνα.

Dagegen heissen die Früchte von Opuntia Ficus-Indica L., besonders die veredelte Spielart, jetzt φραγκόσυκα (vgl. auch Zeitschr. f. allg. Erdk. 1861 II, 120); dem Alterthum war sie fremd; sie ist jetzt weit verbreitet in den Ländern am Mittelmeere, aber auf dem bekannten Stahlstiche: „Joseph von seinen Brüdern verkauft", bleibt sie ein störender Anachronismus. Welche Grösse die Artischoke, in Buenos Ayres wieder verwildert, erreichen kann, ersehen wir aus Darwin naturw. Reisen, übers. von Dieff. I, 201.

28. Carduus benedictus L. Cnicus bened. Gaertn.

(Lenz 483. Meyer III, 525.)

γαϊδαράκανθα, μπενεδέτα.

Simon Genuensis (hinter Benetguariden und vor Benedach!) Bedicta plata de q̄ butanicus ca. facit et dicitt. q nascit ī locis agrestibus silvosis et hūectis. Matth. Silv. Benedicta herba vel planta. id est fu. Nascitur in locis agrestibus silvosis et humectis. Ruell. 780, 19 Caryophyllata, quam vulgus nostrum sanā mūdā appellat, aliqui herbam benedictam. 880, 42: silvestrem cnecon carthamum silvestrem ostendimus appellari ... nunc carduus benedictus nominatur.

Carduus pycnocephalus L.

(Fraas 203. Diosc. I, 354.)

προκοδείλιον, κροκοδειλιός.

Anguillara 141: Sela Carlina volgare, che si tiene esser il Chameleonte nero, provocasse il sangue dal naso, non seria da dubitare, ch' ella non fosse il Crocodilio: Concosia che per la verità non si trovi pianta alcuna à mio giudicio, che meglio si confaccia al Crocodilio di quella. appresso la descrittione di Crateua, et quella di Dioscoride sono differenti. Crateua descrivendo questa pianta dice: κροκοδείλιον ὅμοιόν ἐστι τῷ μέλανι χαμαιλέοντι· φύεται ἐν τόποις δρυμώδεσι, ῥίζαν ἔχον μακρὰν δριμείαν, ὀσμὴν δὲ ὁμοίαν καρδάμῳ. ζεσθεῖσα δὲ ἡ ῥίζα ἐν ὕδατι καὶ πινομένη ἄγει αἷμα πολὺ διὰ ῥωθῶν. Quanto al seme, che nel fine del capitolo di Dioscoride è scritto esser rotondo, e doppio come un scudo, dicovi quelle parole esservi state aggiunte: perche ne Oribasio, ne Crateua per quello, che si trova, non fecero mentione di tal cosa nelle loro descrittioni. Per questo alcuni sono caduti in errore, dicendo, che lo Eringio, che nasce dietro le marine, sia il Crocodilio per haver il seme piato.

30. Onopordon acanthium L.

(Fraas 205. Diosc. I, 359. Anguillara 146.)

ἄκανος, ἀκονακία.

Bei dem Scholiasten zu Nicand. Ther. 71 stehen noch folgende Syn.: ὀνόγυρος, ἀνάγυρος, ἄκοπος, ἀγνάκορος, ὀξόγυρος. Vgl. H. Keil Schol. zu Nic. Th. pag. 10, 30.

31. Arctium Lappa L.

(Fraas 203. Diosc. I, 598. Rosenthal Synops. 303. Salmas. 683, a. Meyer III, 406.)

ἄρκειον, προσωπίς, προσώπιον, ἀπαρίνη, περσωνάκεα, λάππα, μπαρδάνη, Bardana.

Ueber Personatia vgl. Diefenbach Orig. Eur. 256.

Simon Genuens. Bardana lapago maior personatia idē secundum expositiões antiquas. Ruell. 834. Arction prosopites personatiam in latino sonat, vulgus nostrum gleteronem vel bardanam et lappam majorem officinae vocant . . . . multum a vero deficere videntur, qui bardanam vulgo dictam petasites esse statuant. Anguillara 282: l'Arcion, over Personata è molto nota, e chiamasi Lapa maggiore, Presore, e Bardana.

Ueber Parduna (plur.) vgl. Meyer III, 406. 407 und Kerner, flora d. Bauerngärten in Verhandl. d. zool. bot. Vereins, Wien 1855, pag. 802. (der Referent dieser Abh. in Giebel's Zeitschr. f. d. gesammt. Naturw. B. 8, p. 553 las nur die ersten Zeilen und hielt es deshalb für Pyrethrum Parthenium DC.)

Bei Myreps 444, D ed. Steph. steht in d. Anm. zu ilapheos: cod. habet εἰλάφεως λεγομένη ἰταλικῇ γλώσσῃ; et aliquid deinde desideratur, nimirum βαρδάνη, Graecis ἄρκειον et προσώπιον, Latinis personatia, vulgus non solum bardanam sed etiam lappam majorem vocat; ähnlich heisst es in der Anm. zu 370, C; Apulej. c. 37 hat noch folgende Synonyme: bacchion, elephantosis, elephas, nephelion, Dardana, manifolium, betilole, riborasta (Torin. in marg. peripobasta).

32. **Carlina gummifera** Less.

Atractylis gummifera L.

(Fraas 205. Diosc. I, 352. Rosenthal Synops. 297. Heldreich 26.)

χαμαιλέων λευκός, ἰξία (vgl. Lobeck Path. II, 29. Proleg. 219), κάρδους οὐαρίνους, ἐφήρ, ἐφθόσεχιν, ἐφθόσεφιν, χρυσίσκηπτρον.

Anguillara p. 137. Ixine. Theofrasto nel. lib. 9. al cap. 1. [hist. pl. ed. Wimmer 9, 1, 2] parla di due piante. una egli chiama ἰξίνης e l'altra ἐξία. quest' ultima lasciaremo per hora, e ragionaremo della Ixine. Trovo, che'l Gaza huomo dottissimo commisse molti errori in tradurre Theofrasto hora traducendo una voce à una guisa, hora ad un' altra: come è anco avvenuto in questa pianta Ixine, la quale hora traduce Spina Ixina, hora Cardus Pinea, come si puo vedere nel sopra allegato luogo, e nel lib. 6, cap. 4 conciosia che nel lib. 9, cap. 1 traduce la voce ἰξίνης. Spina Ixina, e la voce ἰξία Cardus Pinea non si ricordando di haver tradotto nel lib. 6, cap. 4 la parola ἰξίνης Cardus Pinea. Diremo adunque cosi. La ἰξίνης, che i Latini chiamano Cardus Pinea, non puo provenire in molti luoghi. E dalla radice fogliosa, nel cui mezo vi è un frutto, che esce fuora simile à un Melo, ascoso dalle foglie, che produce una lagrima di giocondo sapore nelli parti postreme chiamata Spinale Mastice. Trovasi questa tal pianta nelle parti del Levante come nel contorno di Aleppo, e per andar à Gierusalem, et etiandio per le campagne di Valenza di Spagna, et anco in Italia. ma secondo le regioni muta il colore, il sapore, e l'odore, et ancora cessa di produr la lagrima: ma non resta per questi accidenti, che non sia la istessa in essentia et in figura. Et accioche paia, che tal pianta sia stata veduta da me, la voglio descrivere in tal forma. La spina chiamata Ixine, e che si dice Cardus Pinea, fa una radice di grossezza d'un braccio, bianca, di grave odore, di sapore alquanto dolcetta, ma che in fine tiene dello amaro. nella sommità mette le foglie simili à quelle del Cacto, ciò è Scolimo di Dioscoride; ma assai minori, ne cosi incise, ne cosi spinose, coperte di una lanugine molto bianca, nel mezo della quale produce un Cardo simile ad un Carcioffo, che quando è aperto e fiorito, è di colore azuro, attacata appresso à [questo cardo si trova una lagrima bianca simile alla lagrima del Mastice, assai grata al sapore. Nell' Umbria parte d'Italia si condiscono con mele, e zuccharo questi cardi, e massimamente ciò si fa su quel d'Urbino, ove se ne trova assai, et anco à Vissa cità, ove è un monte, che si chiama Cardosa havendo acquistato il nome dalle diverse sorte de Cardi, che vi nascono. gli habitanti de quei luoghi li chiamano Cardarelli, et in Puglia si addimanda Carlina, et anco nell' Abruzzo. Chi considera ben tutte queste note troverà, che questa pianta Dioscoride è chiamata Chameleonte bianco. Si che la Spina Ixina serà an che il Cbameleonte bianco.

35. Centaurea dalmatica Petter.

(Fraas 204. Diosc. I, 361; II, 501 für Cirsium tuberosum All.)

λευκάκανθα, πολυγόνατον, φύλλον, ἰσχιάς, πανταβέρτ, σουκκατ, γνιακάρδους, σπίνα ἄλβα.

Centaurea Centaurium L. Vgl. 141, 2.

. (Rosenthal Synops. 298. Diosc. I, 347. II, 494. Lenz 479.)

κενταύριον μέγα, νάρκη, λιμνήσιον, μαρώνη, πελεθρόνιον, χειρωνιάς, λίμνηστις, αἷμα Ἡρακλέους, φιερρεί, οὐνεφέρα, φελλεραί.

Bei Apulej. c. 35 ed. Ackermann p. 194 lauten die Worte so:
A Graecis dicitur marone, aliis nession, aliis plectronia (pele-
thronia Hum. plectronias Torin.), quibusdam limnester, prophetae
haema Heracleos, alii chironian, alii limnesion (limnestin Hum.
lymnestor, lymnesion Torin. in marg.), alii apogorisapon, alii
polyhydion (hydos, in marg. polypodios Torin.), alii hemeroton
(emericos, emerotos in marg. Torin.), Aegyptii antiamas, Itali fel
terrae, sive uneferam (alii narcen in Collect. Wechel.) cf. den
Byzantiner zu Oribas. 634, 26. Anonym. de herb. ed. Didot 172,
No. 9.

Centaurea Centauroides L.?

κενταύριον bei Nicand. Th. 503 fg. ἄνθεα χρύσεια. Vgl. den
Schol. zu dieser Stelle und Eutecnii Metaphr. ed. Did. p. 227, a,
16 fg.

35. a. Carthamus tinctorius L.
(Fraas 206. Diosc. I, 680. Meyer II, 244. III, 301. 283.).

ὄμφαρ, οὔσφορ, οὐφούρ, ζαφρᾶς, ζαφαράς, ζαφορά, κουρδούμ?
Carthamus lanatus L. Kentrophyllum lanatum DC.
(Diosc. I, 445.)

πορφυροῦν, φουσούγρεστις, ἄμυρον, ἄμυλον, χηνώ, ἄφεδρος,
ἀρδάκτυλα.

Ueber ἀτρακτυλλίς non ἀτρακτυλίς cf. Lobeck Proleg. 128.

Carthamus corymbosus L. Cardopatium corymbosum
Pers.
(Diosc. I, 353. Ruell. 637—640. Meyer III, 526. Rosen-
thal Synops. 296.)

οὐλόφωγος, κυγόξυλον, κενόξυλον, πάγκαρπος, σοβέλ, χαμαιλέων μέλας, κυνόμαχος, ἰξία, κάρδους νίγρα, ὠκιμοειδές, κνί-
διος κόκκος, οὐερνιλάγω — ὀνοκάρδιος, ἱεράνθεμις, κάλυξ καρδιακός, κνέορον? (Lobeck Paralip. 406 adn.) — ὀμβρέλα (hodie).

Oribas. I, 447, 1. II, 102, 12. 106, 2. 125, 3. 131, 14.
IV, 591, 8. 611, 25. 565, 14. 17. Schol. Nicand. Alex. 279. 282
und Eutecnii Metaphr.

38. Cichorium intybus L.
(Fraas 197. Diosc. I, 275. Heldreich 28. Meyer II, 344. 345.
vielleicht · cicinoria bei Plin. Valerian. I, cap. 31 fol. 24 B.

Oribas. B. IV, 562, 4 κιχόριον, 564, 16 κιχώριον. de Lagarde ges. Abh. 52, 28.)

κίχωρα, κίχορα, τζηκουρέα, ῥαδίκι (hodie ῥαδίκια), ἄγος, πικρισίδες, πικραλίς, πίκρα, πικρομάρουλα, πικρομαρουλίδα, ἴντυβον, ἐντύβιον (ἐντύβια Anonym. bei Ideler II, 258, 36), εὔτηβον, γιγγικίδιον (Schol. Nicand. Al. 342), σέῤῥις, σειρικόν, σερῆς, σερίς, σέρις (Oribas. IV, 591, 28. σέριν 558, 14. σέρεως 556, 25. 558, 12. 601, 2. 609, 15. 635, 37.), μυριόσολον.

Nachdem Kerner pag. 799 die Ansichten von Kinderling, Sprengel, Pertz und den Anachronismus bei Ress in Betreff Helianthus annuus zurückgewiesen, glaubt er unter Solsequium im Capitular Karls des Grossen die Calendula off. zu erkennen, doch mit Unrecht; denn die zahlreichen Glossarien des Mittelalters, Bauhin Pinax p. 125 bezeichnen mit Solsequium unser Cichor. intyb. L. und Petr. de Crescentiis VI, 106 sagt geradezu: sponsa solis, Cicorea, Intuba, et Solsequium idem est.

Cichorium endivia L.

(Meyer III, 88. Kerner 805.)

ἀντίδιον (hodie ἀντίδια und ἥμερα ῥαδίκια).

Der Cod. Aldin. des Paulus Aeg. hat III, 46 'richtig: τὸ ἴντυβον δὲ τὸ τρώξιμον scilicet καλούμενον, der Baseler dagegen unrichtig: καὶ τὸ ἴντυβον δὲ καὶ τὸ τρώξιμον. In den Anm. zu Nicolaus Damascenus sagt Meyer p. 72: hac occasione adnotare liceat, Theophrasti τὸ ἐν Αἰγύπτῳ καλούμενον οὖιτον, lib. I, 6, §. 11: Pliniique oetum, lib. XXI, §. 88: quod quibusdam a vigno non differre visum est, optime respondere Coptico ουεδ, quod secundum Peyronii lexicon est olus et proprie intubum vel indivia.

40. Tragopogon porrifolius L.

(Unger, Reise in Griech. p. 124: in herbidis Cephaloniae. Fraas 196. Diosc. I, 284.)

κόμη (Qûmi nabath. wo Ibn Baithar schon Diosc. citirt), ὀσιρεοσταφή? κυνοκέφαλον (? cynarocephalus), μαστοῦρα, λαγηνίδια, λαγινίδιν.

Ruell. 599, 40. Gerontopogon lagenis herba plerisque dicta putatur, quod inter saxa gignatur, longa barba, foliis instar capillorum praelongis. 600, 1 Gerontopogon a Nicandro geraos pogon: In den fragm. Nicandr. II, 71 steht γεραὸν πώγωνα ed.

Didot pag. 152 und im Index 'zu den Schol. γεραὸς πώγων vide τραγοπώγων; vgl. edit. Sehneider Nic. fragm. 74, 71 und p. 111.

Tragopogon picroides L.

(Diosc. I, 410. Fraas 197.)

σιϑιλέας.

Oribas. ed. Steph. 420 D.

41. Scorzonera resedifolia L.

(Fraas 197. Diosc. I, 411. Kosteletzky hält das Hieracium minus des Diosc. für Hymenomena Tournefortii Cass.)

σογχίτης.

46. Sonchus? Helminthia echioides Gaertn.? Urospermum picroides Desf.?

(Fraas 198. Heldreich 78. Unger 124. Diosc. I, 274.)

σόγκος, σόγχος, ζωχίν, ζωχόν, ζωχίνον, ζόγχος, ζόχος, ζοχή, κεμπιανή.

ζοχία hat Mich. Psell. bei Ideler II, 264, 18. Zocho bei Anguillara s. v. Sonchi.

48. Taraxacum officinale Moench.

(Fraas 201. Lenz 485.)

ἀφάκη, πικραφάκη.

Vgl. de Lagarde ges. Abh. pag. 52. Lobeck Proleg. 311.

49. Lactua L.

(Fraas 199. Diosc. I, 280. Heldreich 28. Lenz 486 fg. Kerner 801. Meyer III, 151. 70. 405. 364. Bochart hieroz. I, 696. Sprengel hist. rei herb. I, 216.)

μαρούλια, μαρούλλιον, μαρούλλιν, μάρουλον, μαιούλιον, μαιούνιον, ϑρίδαξ ἥμερος, σέρις (Syris in Plin. Valer. III, 11 fol. 63, A. cf. Cichorium intybus), ἀγριομαιούλιον, ϑριδακίνη, ϑριδακίς (Schol. Nicand. Th. 838), μικρομάρουλον, ἄσκαλα, ἀσκέλλα, αἷμα τιτάνου?, τράξυνον, τρόμυξον, σκυλλοκρόμμυδον, φέρουμβρος, σκελετοῦραν, μαρουλόφυλλον, ϑριδακυνὰ φύλλα, μαρουλόσπορον, σεηκερά, κισσαπαδαρισσά, λακτοῦκα, χαβαιβέν, ζωρτενίκια, βενϑισίτης, τόχμε καχοῦ, μπαζουραχάς.

„Aegyptiis iobousos" sagt Apulej. c. 31, ed. Ackermann p. 190. Lacteridae im Capitular = Euphorbia Lathyris L., ebenso Lactuca caprina bei Plin. XX, sect. 24. Wilde lachdete bei

Hildegard. vielleicht = Lact. scariola L. Lactura leporina i. e. Piligris, Tridacon lagion bei Pseudo-Galen. de simpl. med. ad Patern. p. 449 und bei Apulejus (hier aber ohne Synon.) hält Anguillara für die Cazzalepre (Hasenlöffel) der Italiener d. h. Leontodon auctumnalis L. Vgl. über thridax auch Ackermann zu Q. Seren. Sam. p. 83.

49. a. Chon'drilla juncea L.

(Fraas 198. Diosc. I, 276 und dazu der Commentar von Matthioli.)

χονδρίλλα (Lobeck Proleg. 118), χονδρίλη (Oribas. IV, 521, 9.) Chondorila (dasselbe?) nabath. Ibn Baithar 395.

175. Ambrosiaceae Link.

1. Xanthium strumarium L.

(Fraas 216. Diosc. I, 618. Tournefort Plantes de Paris 2, 124.) ξάνϑιον, ξανϑιά, κολητζίδα, κολλητζίδα, ἀντιϑεσίον, σαρουχάλια, φιλάνϑρωπος, ἀγρώστη, ἵππιον?

Anguillara p. 289 il Xanthio è chiamato ancora Lappa inversa e Lappa minore, e Presule.

177. Valerianeae DC.

1. Valeriana celtica L.

(Fraas 217. Seidel l. l. p. 123. Anguillara 24. O. Berg, Pharmacognosie des Pflanzenreiches p. 95. Diosc. I, 17.) σαλιούλλα, σαγιόκολον, σίσγουρδον, σίσγουδον, σισγοῦδον, σύσγουδον, σίγγουδον, κέλπης?

νάρδος κελτική in Oribas. B. IV, 598, 19. 627, 26. 567, 26. 559, 17. 561, 15. 564, 31. 576, 8. 597, 32. 559, 7.

Marcell. Empir. ed. Steph. c. 22, p. 342 E: nardus celtica, id est Saliunca (vgl. Diefenbach Orig. Europ. 414). Pseudo-Galen lib. de simpl. med. ad Patern. Salvicula 89 H = Saliunca Plin. XX sect. 20. Bei Simon Genuensis s. v. Salvincha ist der eine Theil sehr ähnlich dieser letzten Stelle, der andre wörtlich aus Plin.

Valeriana Dioscoridis. Hawkins.
(Diosc. I, 20. Oribas IV, 577, 26. 576, 26.)
φοῦ? ψευδομάρτυρας.

Hierher gehört auch wohl nardum rusticum bei Plinius; dagegen wäre Rustica bei Hildegard. 152, das sonst nirgend vorkommt, wenn es Abkürzung von Nardus rustica wäre, gleich Geum urbanum L.

Valeriana tuberosa L. ˙
(Diosc. I, 19. Fraas 217.)
Θυλακίτης, νίρις, νιορίς, νίδιον, μαχαλέβ, ἄσαρ.

1. a. Nardostachys jatamansi DC.
(O. Berg Pharmacognosie des Pflanzenreiches 94. Rosenthal Synops. 253. Diosc. I, 15. Seidel 122. Oribas. IV, 544, 22. Meyer bot. Erläut. p. 71. 80. 150.)
ῥίζα ψευδόνυμος, στάχος, σουμπούλ, σουμβούλ (oder = σαμποῦκος Wlachorum = Valeriana tuberosa L.).

Patrinia scabiosaefolia Fisch.
(Fraas 217. Seidel 122.)
στάχος, νάρδιον συριακόν, νάρδος συριακή, ῥουσοστάχυον?

Hierzu gehört vielleicht Nardus Asiana bei Theod. Priscian IV, p. 84, denn die συριακή kam im westlichen Asien vor, ἐν Συρίᾳ οὐχ εὑρίσκεται; die bei demselben IV, 86 erwähnte campana wäre vielleicht die oben erwähnte rustica. Wenn Nardus creticus bestimmt werden kann, würde dazu auch φοῦ, φοῦεν, ῥυσία, ῥουσία gehören.

178. Dipsaceae DC.

1. Dipsacus silvester Mill.
(Fraas 218. Diosc. I, 355. Dibsâkis, nabath. Ibn Baithar 466.)
σεσενεόρ, κροκοδίανον, σεντούκλην, σεντούκλιν, μελῆτα, 'Αφροδίτης λούτρον, σκιαρή (Diefenbach 229), χείρ, Analentidium (ibid.)
Anguillara 142. Quando Senocrate parlò di questa pianta vedesi, che intese di quella, che Dioscoride nomina Dipsaco, e si dice anco Labro di Venere. Hoggi chiamano i Greci questa spina ἄκανθα βουτζοειδής, e noi Italiani Garzi da panni, altri virga Pastoris. Ne vi dirò altro sapendo voi, che cosa è.

4. Scabiosa ambrosioides Sibth.

(Fraas 218. Diosc. I, 667.)

πυκουόκαμον (πυκνόκαμον)?, ἀκγαρουράτ (wohl ἀκρα—) ποντι-κοκρόμμυον?

Scabiosa transylvanica? oder Tussilago?

(Fraas 217. Diosc. I, 363.)

βερβελίκη, σκαμπιοῦζα, καμπιοῦζα, τόβιον, τοιβή.

179. Globularieae DC.

1. Globularia Alypum L.

(Fraas 218. Diosc. I, 671. II, 641. Rosenthal Synops. 431.)

ἀληπία, ἀλύπιον, ζεφέλουρον, ζεφέλωρον, στουρέκι, δορύκυτον, τούρπετ, τουρπήτ, τουρπίττη, τουρπούτ, πιτύουσα, Turbet album, τζούκλαδα.

Bei Constantinus Africanus ist Turbith p. 366 eins von den neun arabischen im Abendlande bei ihm zuerst vorkommenden Heilmitteln. In der salernitan. Handschr. (Breslau), Aufsatz 31, fol. 196ᵃ „que medicine pro quibus morbis dande sunt" kommt vor: Benedicta ierapigra, theodoricon yperiton et anacardium, de-coccio polipodii et agarici, mirobalani Kebuli, turbit et plures hujusmodi purgent flegma naturale.

180. Plumbagineae Vent.

1. Statice Limonium und sinuata L.

(Fraas 218. Diosc. I, 615. II, 631.)

τριπόλιον.

Anguillara 289: Nasce il Tripolio tra Scilla e Cariddi al bracchio di S. Georgio. Ha foglie simili alla Piantagine, ma piu strette e grasse. dal mezo escie un gambo alto una spanna, diviso in tre rami, con fiori simili alle Viole matronali. la radice è bianca, acuta, di odore di raffano, grassa, ma non odorata, come vuole Dioscoride; perche Crateua legge παχύτερα semplicemente, come fa ancora Plinio. onde quell' εὐώδη è superfluo.

Bei Simon Genuensis s. v. Tripofilon et Tripolion ist nicht zu erkennen, was er meint; manches ist aus Plinius entnommen. Ruell. 846, cap. 82 quid veteribus fuerit tripolion non facile fuerit explicare. Sprengel ad Diosc. II, 631 hält es für Plumbago europaea. Lenz Bot. d. Griech. u. Röm. lässt hier, wie immer bei genauen Untersuchungen, im Stich. Da Sprengel zu Diosc. I, 519 in II, 581 auf unsere Statice Limonium L. λειμώνιον bezieht ("plerique rei herbariae instauratores in eo congruunt, ut, Matthiolo duce, Stat. Lim. intelligi· arbitrentur"), so füge ich an dieser Stelle die betreffenden Synonyme aus dem Glossarium hinzu, obwohl ich selber noch mancherlei Bedenken habe.

μεοῦδα, ῥαπιόνιον, ἐλλεβοροσήματα, μενδρουτά, δάκινα, βέτεκα, κυνόγλωσσον, λύκου καρδία, λυκοσέμφυλλον, ἰούβαρος.

Simon Genuensis giebt auch an dieser Stelle nur undeutliches nach Plin. Ruellius 780, 3 Limonium herba similis betae.... est et beta sylvestris Plinio quam limonion vocant alii nomoiden (cf. d. Lesarten bei Plin. ed. Sill. XX, §. 72).... Limonium Aëtius etiam cynoglosson h. e. lingua canis vocari scribit. Beta pratensis nunc vulgo dicitur. ·

Sprengel (hist. rei herb.) führt dreimal das limonium auf in B. I, p 319 aus Tragus (707) == Pirola rotundifolia L., p. 401 aus Lobelius. 123 Limonium maritimum == Statice oleaefolia und p. 457 aus Bauhinus == Statice cordata.

Ausführlicheres über das Wort bei diesen Botanikern gab Irmisch in der Botanischen Zeitung von v. Schlechtendal u. v. Mohl B. 22, p. 136.

Meyer III, 375 übersah, dass an der von ihm citirten Stelle des Plin. limoniam steht, was ein Synonym von Scolymus ist.

181. Plantagineae Vent.

1. Plantago lagopus L.
(Fraas 219. Diosc. I, 268. Meyer III, 372. Anguillara 114. Janus Zeitschr. I, 70 fg.)
Ͽησαρικά, εὐρεχνεύμονος, ἀτιειρχόν, ἀσόνϿ, ταρδηλοτάριον (Diefenbach Orig. Eur. 424).

Plantago asiatica L.

(Fraas 219. Diosc. I, 268.)

πεντάνευρον (Forskål p. XX = Plantago major, p. XXIV = Statice speciosa), ἑπτάνευρον, πολύνευρον, λισέν, λισιέλ χαμέλ, λισέν ἐλχαμέλ (ζούλαβιν τοῦ ἀρνογλώσσου), πέντανδρον, οὖρα ἰχνεύμονος.

Plantago Psyllium L.

(Diosc. I, 563. Unger Reise in Griech. 122. Fraas 220.) κονιδúς, κρυστάλιον, μακρότερον, ἄσπαντος, ἀσπάιος, ψίλεον, οὐάργουλος, σικελιωτικόν, ψυλλερίς.

Marcell. Empir. cap. 8, p. 271 D. cap. 15, p. 305 H: Arnoglossa i. e. Plantago. Isidor ed. Otto lib. 17, 9, 50 Arnoglossos, a Romanis Plantago dicitur. Aurelius de acutis passionibus II, 37, p. 160: aut arnoglossae vel poligoni vel portulacae (cod. porcaclae) vel zoi (aizoi = ἀείζωον = Sempervivum).

Oribas. B. IV, 573, 6. 578, 26. 569, 26, 551, 14. 616, 25. 612, 10. 573, 11. 617, 14. 591, 27. 611, 4. 635, 37. 546, 11. 569, 22, 6. 551, 5.

Aesculapius in d. angef. Ausg. 78, C. arnoglossa. Eine Vergleichung des Artikels de arnoglossa in den Ausgaben des Circa instans mit dem Breslauer Codex befindet sich in Janus, Zeitschr. etc. B. I, p. 70.

Succus arnoglossae auch schon in einem wunderlichen Recepte des 13. Jahrh. im Micrologus Magistri Richardi Anglici (No. 6957 Biblioth. reg. Paris) und daraus in einer Practica (No. 7056 Bibl. reg. Par.).

184. Thymelaeae Juss.

1. Daphne Gnidium L.

(Fraas 225. Diosc. I, 664. Günther Zierpfl. 20. Heldreich 24.) Meyer II, 244.)

παρατόνσαρα, λαγοκονία, λακτοκονήα, λακτοκονία, ἄκνηστον, ἄχνην πυρός, ἀζάς. ἀζάζ, ἀντζηρά, θημίλαια, θημελαία, θυμελέα.

Anguillara 297: La Thimelea è pianta, che non solamente provenie in Grecia, ma nasce ancora, et è notissima in molti luoghi d'Italia, massimamente nel bosco di Bacano, in val l'inferno sul Romano, per lo bosco del Miarino, nel monte di San Giuliano di Toscana, e per la Puglia. E similissima alla Chamelea, ma à questo si discerne da quella, che i suoi rami crescono alti un gombito, molti à una radice, diritti, senza altri surcoli, vestiti di foglie piu strette di quelle della Chamelea, ma pure grassette, e viscose, amare, e acre al gusto. i fiori sono simili à quelli della Chamelea. La radice è grossa, come un gran Raffano, lunga un gombito, con corteccia grossa, la quale gustata in poche hore ammazza. Nasce di questa ｜piãta il frutto chiamato da alcuni Cocconidio, e non della Chamelea: ma questo errore è proceduto dalla somiglianza delle foglie. Il Pepe montano, che da alcuni è tenuto per Chamelea, non ha sembianza alcuna con la Thimelea: ne nelle foglie, ne nel frutto, come è manifesto à chi conosce la vera Thimelea. Non è adunque indubitatamente il Pepe montano la Chamelea: ma piu tosto direi, che quello fosse il Cocconidio di Theofrasto.

Daphne oleoides Sibth.

(Fraas 225. Diosc. I, 663. II, 640.)

κνῆδις? βδελυρά, Citoracium.

Turbiscus bei Isidor, das sich im Spanischen als Torrisco erhalten hat (ähnlich seinem Herbitum = Erbato, Foeniculum) ist Daphne Mezereum (Daphnoides Fuchs Hist. 227. Daphnoides vulgare Camer. Kräutbch. 428 A. Chamaelea sive Mezereon Tragus III, 8.). Vgl L. v. Buch, Canar. Inseln p. 140: Torisco.

185. a. Penaeaceae R. Br.

1. Penaea Sarcocolla?

(Diosc. I, 440. II, 533. Rosenthal Synops. 244. Salmas. hyl. iatr. 175, a. exercit. Plin. 213, a, C. Meyer II, 314.)

ἀντζαρούτ, ἀτζαροῦτι, Sarcocolla.

186. Santalaceae R. Br.

3. Santalum album L.

(Ritter Erdkunde VI, 29: Tzandana wahrscheinlich das nur

im Osten einheimische Agilaholz cf. ib. IV, 933 fg. Nach Lassen, ind. Alterthumskunde I, 287 nebst Anm. ist Sanscr. K'andana die Tzandana des Kosmas und seine Aloë ist Agilaholz.) μὲχ λευκόν, σαντάν, σανταλ, σανδάλ, σαντάτζ, σανετάν, βεδιέζ.

187. Laurineae Vent.

1. Laurus nobilis L.

(Fraas 227. Heldreich 24. Steudner, Symb. d. Zweiges 26. Langguth antiq. plant. fer. 10. 17.)

κοκκόδαφνον, βάκας, δάφνος, δαύνη (cf. 227, 6), δάφνη.

Laurus Cassia L.

(Fraas 227. Meyer bot. Erläut. p. 130 fg. Berg und Schmidt Darstell. u. Beschr. d. off. Gewächse V, c. Junker Forschungen aus der Gesch. des Alterth. Leipz. 1863 p. 58 fg.)

σαλμίκα, σελοῦκα, σιλίχα, σελήχα, σεληλά, silia, γιζήρ, γιζί, χιαρσάμβερ, χεασάμπαρ, ξυλοκασία, λάκτα, κίτη, κιττάριον, κιτάρην, μῶτο, ὀραμποῆς, λετετζή, κασεβερίδε, φελλουρία, βαλάβαϑρον, χαμελάρ, κασία, κασιαλίνα.

Ausführlicheres über alle Synonyme, die zu dieser ganzen Familie gehören, werde ich in meiner Ausgabe des Simeon Seth geben. Hier kam es mir ja überhaupt nur darauf an, das Material — die neueren griechischen Wörter — aus den verschiedensten Autoren zusammenzubringen. Eine genaue Sichtung ist damit noch lange nicht erreicht.

2. Persea cinnamomum Spr.

(Berg und Schmidt V, d.)

ντερκτζήνη, τριψήδιν, τριψίδιν, τριψίδειον, τρυψίδιν, δαρσίνη, ἡδύραβδον, κοισσύτας, κανέλα, κανέλλα, κιννάμωμον, κινάμωμον, τζινάμωμον, κοινάμωμον, ξυλοκινάμωμον, λεπτοκινάμωμον.

Persea camfora (Laurus c. L.)

(Meyer III, 320. 363. Berg u. Schmidt X, e. Salmas hyl. iat. 182.)

καφόρα, κάφουρα, καφούριον, καφουρέλαιον.

189. Polygoneae Juss.

1. Rumex L.

(Fraas 231. Diosc. I, 257. Mahn Forschungen auf dem Gebiet d. roman. Sprach. p. 59. Heldreich 24. 79. Lenz 449.) μάς, δριμαλίδα, τουρσά, λάπτα, λούμιξ.

Rumex acetosus L.

ὀξαλίς (Schol. Nicand. Th. 838), ὀξαλίδα (hodie); πετρολάπαϑον (Diosc. Euporist. 2, 47 p. 259 ed. Spreng.) ist vielleicht dieser oder scutatus.

Rumex crispus L.

λαμπαζιά, ὀξιλαπατζιά..

Ueber λάπαϑος vgl. Lobeck Proleg. 362.

2. Polygonum aviculare L.

(Fraas 230. Diosc. I, 507. Meyer IV, 157.)

κνωπόδιον, μυρτοπέταλον, ἄσφαλτον, χιλιόφυλλον, πευϑαλίς, πηδάλιον, πολυγόνατον, πολύγονον, ναῦμα (de Lagarde ges. Abh. 176 will αὖμα), γόνος Ἥρωος, ζαριϑέα, κορίτζολε, κυωπόδιον, κυνοχάλη, χουλούμ, καρκίνητρον, ϑεφίν, στεμφίν, ὄνυξ μυός, lingua avis, γλωσσοστρουϑία, γλώσσα στρουϑήου, λισέν ἐλασάφερ, λιγγάβις, ληγκουάδης, ζακλία.

Anguillara 248. Il Poligono maschio è chiamato ancora Centinodia, e lingua Passarina, e Corezola, et è notissima pianta.

Polygonum Hydropiper L.

(Diosc. I, 301. Fraas 230.)

ὑδροπίπερον, περσικάρια?

Oribas. 446, H. 511 A. Paul. Aeg. 644, C. Aët. 56, C. Anguillara 173. Se il testo di Dioscoride non è corretto, lo Hidropiper, ò Pepe di acqua non sera quello, che hoggi si mostra: percioche le foglie del commune; non hanno sembianza alcuna con le foglie della Mentha, come vuole Dioscoride. È vero, che il resto poi assai bene si conface. Non corrispondendo le foglie non posso giudicar' altro, se non che il testo stia male, overo che non conosciama la Mentha: ma però mi rimetto.

3. Rheum Emodi Wall. u. Rh. rhaponticum L.
(Fraas 232. Sprengel Gesch. d. Medicin alte Ausg. II, 215.
Meyer IV, 124. III, 483. 527. II, 422. de Lagarde ges. Abh.
82, 5; 255, 8. Ascherson Flora d. M. Brand. p. 580 Anm.)
ῥιομπάρμπαρον, ῥαβὰν τιτζίνη, ῥενμπάρμπαρο, ζαραβανιτζίνη,
ῥίον, τιτζήνη, ῥέον βάρβαρον, κωτοκούρα, ἀναβάη, ἀρεβάν.

191. Urticeae Bartl.

1. Urtica pilulifera L.
(Fraas 234. Diosc. I, 587. Schol. Oppian. Hal. II, 429.)
κνίδα, κνίδη, κνίϑϑες, σκνίϑϑες, τζουκνίς, τζουκνίδα, τζιγκνίς,
ἀτζικνίδα (τζικνίδα hod. ad Athenas!), ἀδίκη, σελέψιον, ὅρμηνον?
Janus Cornarius zu Paul. Aeg. I, 36 sagt: habent exemplaria
Graeca constanter ἢ σπέρματος κνίδης ἢ τῆς ἄγνου .... non vide-
tur huic loco competere et fieri potuit ut pro τοῦ ἀνίσου voce,
τῆς ἄγνου vocis lectio supposita est. Anisi lectionem complexi
sumus, quod ante nos Copus quoque fecit.
Qarîsz in nabath. Ibn Alawwâm == Urtica pilul. Gelisia bei
Hildegard. ist, da dort ein besonderes Cap. (III) de urtica vorkommt, wahrscheinlich Galeobdolum luteum Huds.

2. Parietaria cretica L.
(Fraas 235. Diosc. I, 334. II, 488.)
μυὸς ὦτα, μυόχορτον, μυορτόσπληνον, ἀλοίνη (steht für ἀλσίνη),
ποντικόπτης?, λαβατολαβάτ?

Parietaria diffusa L.
(Fraas 235. Diosc. I, 582.)

σιδηρίτης,	σιδηρῖτις,	παρϑένιον,	ἐλξίνη,	κολλυβάτεια,
κολυμβατία,	κουλυβατία,	κλιβώδιον,	κλύβατος?	κλύβατις?
κλύβασις?	παριταριά,	παρκτέρα,	ἐλεῖτις,	ἀμαξίνη,
ἀπάπ,	ἀσσυρία,	ἀμοργίνη,	ἀνατεταμένη.	

Schol. Nicand. Th. 537, wo aber bei Keil p. 42 κλύβατος
nicht steht. Eutecnii Metaphr. ed. Did. p. 227, 43. u. 228, B, 32.
Vgl. Lobeck Proleg. 219.

Parietaria judaica L.
(Fraas 235.)
περδίκιον, περσίκιον? περδικιάς, οὐρκιόλαρ.

3. Cannabis sativa L.
(Fraas 235. Diosc. I, 494. Heldreich 21. Meyer III, 77.
Ermann Progr. über Herod. u. Sibir. p. 12. de Candolle Géogr.
bot. 833. Anguillara 241.)
σχινόστροφος, ἀστέριον, ὑδράστινα?
Im Capitar. cap. 62 Canava. Ob bei Steph. Magnet. 34 B.
Agriocaraphi semen wirklich Canabis sylvestris ist, wie der
Uebersetzer angiebt, ist zweifelhaft; das arab. Karafs, Apium, in
der Uebers. des Serapion Karphi, liegt jedenfalls näher (vgl. de
Lagarde ges. Abh. pag. 61, 24). κανναβουρόσπερμα bei Simeon
Seth pag. 45. Ermerins Anecd. gr. med. 275 „καναβοῦρι cannabis;
locus ipse apud DCange desideratur." Ideler II, 268, 15 κάναβις; 272, 5 καναβόκοκκον; 270. 4. Schol. Opp. Hal. 3, 342.
Orib. I, 43. II, 642. Susad, wenngleich oft in der nabath. Landwirthschaft genannt, so doch von Quatremère übergangen, sagt,
man nenne den Samen chinesisches Korn.

4. Humulus Lupulus L.
(Fraas 235. Heldreich 21. Beckmann Beitr. zur Gesch. d.
Erf. V, 206—232. Salmas. hyl. iatr. cap. 63. de Candolle Géogr.
bot. 687. 857. Schneider zu Cato de r. r. 37, 2, p. 99.)
λουπουλή.
Pastellus und Pastellum herba ·bei Plin. Valer. fol. 33 B u.
C wird von Matth. Silv. für flos Lupuli erklärt. Sim. Genuensis
sagt: Lupulus ē secundum ebē mesue spēs volubilis et est hūs
folia similia foliis vitis aspīa flos est sicut ampule adherentes sil
ipsa planta serpit ī sepibus a gallis et theotonicis humulus vocat
cujus semē seu florē in medone ponunt. Humela 94 u. plur.
Humelin 116 bei Hildegard. ist nicht, wie Sprengel wollte, diese
Pflanze, denn darüber handelt cap. 73. Ruell. 604, 31 sagt: lupus
(so liesst jetzt auch Sillig bei Plin. XXI, §. 86 statt opulus) sa-
lictarius officinis lupulus, gallis hupelon.

192. Artocarpeae Bartl.

1. Morus alba L. Morus nigra L.
(Fraas 236—42. Heldreich 19. Lenz 419. Anguillara 78.
Kerner 823. Meyer III, 65. Ruell. 265 fg.)

κνέορον, μώρονα, μῶρα, μώρκια (cf. 9, 2), μαύρινον, μορέη, μουρέα, μοῦρον, μοῦρα μαῦρα, ξανϑόσπερμα.

Seren. Sam. arbor Pyramea 553. Capitular Carls des Grossen Morarii (Morus nigra). Morea in der ersten Kyranide. Aët. 53, F. 2. **Ficus carica L.**

(Fraas 242. Heldreich 20. Diosc. I, 159. II, 422. Salmas. 793, b, D. Meyer III, 61. Kerner 824. Lenz 421—427.)

ἀγριοσυκῆ (Lobeck Proleg. 27), χαρχχία, κίκινον, βλίκας, τήν (Tîn in der nabath. Landw.), σοῦκον, κράδη, πρικοσύκη, ϑροία, ϑρία, ἐντζήρ, ἀκκεούμ, ἀγριστέμ, σικύδιον, κράδη.

Zehn verschiedene Sorten führt Columella V, 10, 9 auf, Cato cap. 8 gegen 6. Oribas. IV, 592, 22. 626, 2. 622, 6. 611, 9. 553, 34. 550, 20. 565, 29. 28. 549, 19. 561, 6. 594, 22. 579, 18. 611, 28. Pseudo-Oribas. 210, D. hat: Sycaxira i. e. ficus sicca; Pollux I, 242 τὰ ἄγρια σῦκα ἔρινα καλεῖται cf. Hesych. κεγχρα-μίδες, auch in Alex. Aphrod. Probl. von Usener Progr. 1859, p. 7, 10. ἰσχάς Actuar. 91. Psell. 2, 26. Ideler II, 273.

Ficus sycomorus L.

(Fraas 242. Diosc. I, 159. II, 422. Lenz 429. Forskål 180. Meyer I, 179.)

συκομορέα, μορέη (Eustath. Iliad. λ, p. 872), σινόβορος (corr. aus συκ-)?

Ficus aegyptia bei Isidor 17, 7, 17. Solin. c. 32. Oribas. II, 622, 10. 626, 2; Morus silvestris vgl. Nicolai Damasceni ed. Meyer p. 84. Jacobus de Vitriaco in hist. Hierosolym. (Bongarsii) Gesta dei per Francos Tom. I. Pars II, pag. 1099 nennt sie ficus Pharaonis.

10. Platanus orientalis L.

(Fraas 242. Diosc. I, 108. Ausführlich Ritter in seiner Erdkunde.)

πλάτανος (auch hodie).

Nicand. Ther. 584. Alex. 584 c. Schol.; Oppian. Ix. 1, 23; Phile 729. Galen de fac. al. 8, pag. 104. Pausan. VII, 22, 1. VIII, 23, 4 und dazu Heller über Maxima der Vegetat. u. bes. jene von Attica. Wien Progr. 1863, p. 8. 13. 15; Osann Beitr. z. Lit. I, 66.

195. Salicinae Rich.

1. Salix L.

(Fraas 221. Diosc. I, 130. Heldreich 22. Unger Reise in Griech. 121. Ruell. p. 332—335. Meyer III, 70. 336. II, 417.) ναφέα, μπέτ, ἐτέα, γυνός?, Sarsas, φὶλ, φιλίτζα, φίλχα, σάρτζες, σώρτζους, ʰArachi, οὖσπε, σάνσαφ, σάφσαφ, γετίγια, (Forskål p. XXXV), σάλιξ.

Die amerische Weide bei Plin. u. Colum. kann unsere Salix
- purpurea L. sein. Simon Genuensis: ī asia tria genera observant nigrum utilē viminibus cādidam agricolar usibus ĭ eiāq brevissima ē helicē vocāt. apud nos quoq mlti totidem generibus noīa ponunt: viminеā vocāt eādē purpureā alterā itelinam a colore que fit tēuior terciā galicamque tēuissima ē̄ et alibi salicis ē trium generum etc. Bei.Petrus de Crescentiis III, cap. 37 ist Brillus wahrscheinlich Salix viminalis L. Anguillara 64 sagt nur: La Helica, di cui scrive Theophr., hoggi su'l Bolognese si chiama Vitice, delli cui rami si fanno belissime cistelle.

196. Ulmaceae Mirb.

1. Ulmus campestris L.

(Fraas 245. Diosc. I, 110. Lenz 413—418. Heldreich 19. Ruell. 370 fg.)
φτελή, φτηλή, πτελεά, φτηλιά.
Oribas. ed. Steph. 506, F. Aët. 49, C.

2. Celtis australis L.

(Fraas 246. Diosc. I, 152. Heldreich 19. Lenz 418 und dazu meine Bemerkung ₁in d. Zeitschr. für das Gymnasialwesen B. XV, 279. Meyer III, 87 und bot. Erläut. zu Strabo 176.)
κακαβία, κουφόξυλον, ἀνακακαβέα.

Ruell. sagt 247: Lotus arbor, quam Aphri celtin, Latini fabam graecam, Graecum vulgus anacacabeam, ut Aetius est author, Italia hodie tum amarenum tum pongeracum tum visciulum, quidam acrifolium, alii ciceraginem, Galli alysam et alyserum appellant. Die hierzu gehörende Stelle aus Simon Genuensis ist ausserdem noch für die Texteskritik zu Plin. ed Sill. B. II, p. 394, §. 104 u. B. VI, p. 159, §. 104 höchst wichtig und zeigt auch noch; dass der Herausgeber diesen wichtigen Schriftsteller gar nicht benutzt hat. Es heisst hier s. v. Lothos: Item alibi Africa, qua vergit ad nos, insignem arborem loton ginit, quam vocant colbim vel coltin (Text v. Sill. hat celtin, Palimps. celthim), ipsam Italiae familiarem: sed terra mutata magnitudo quae piro in cisura et folia breviora quae in ilicis videntur differentiae ¡plures hic quam maxime fructibus fuit. Weiterhin heisst es: hanc etiam Isidorus mella vocat; in libro vero graeco, ubi depictae sunt herbae et arbores (— wichtig für die Geschichte der Pflanzenabbildungen —), est illa, quam fabam graecam nostro idiomate vocamus etc. Matth. Silvat. giebt an der obigen Stelle nur: „Plin. libr. XIII, capit. XVI" und zwei andere ebenso citirte. Bei Petrus de Crescentiis lib. V, cap. 43 ist Fraxinagolus vielleicht gleich dieser Celtis australis.

197. Juglandeae DC.

1. Juglans regia L.

(Fraas 85. Meyer II, 146. 310. III, 66, 406. zu Nicol. Damasc. p. 98. 89. bot. Erläut. 44. Kerner 824. Diosc. I, 137. II, 407.)

ξανθοκάρυα? ξανθηκαίρια? ξανθησάριον?

κάρυα βασιλικά in Oribas. 577, 28. 543, 23. 631, 4. 623, 16. 627, 18. 20. 618, 38. I, 222, 12. καρύδια bei Ideler II, 269, 10.

198. Cupuliferae Rich.

1. Fagus silvatica L.

(Fraas 249.)

φηγός, ὀξύα, ὀξία (Lobeck Path. II, 29).

περικαλὴς φηγός bei Eustath. Il. V, 693 umfasst in seiner Bedeutung sowol φηγός ἀπειρεσίη bei Apoll. Rhod. IV, 124, als auch das Lob der colchischen in den Orphisch. Argonaut. 927.

2. Quercus L.

(Fraas 250. Heldreich 16.)

ἰδρύς, ζήκινον, δρυόκαρπον, βελάνι, κηκίδιον, βαλαγνίδα (nach Salmas. = ὀξύη).

Quercus Ballota Desf.

(Diosc. II, 499, 500. Link Beitr. zur bot. Geo. des südl. Europa in Wiegmann's Archiv 1835, I, 328 fg.)

παιδέρως, πρινάρι (hodie).

Quercus suber L.

σοῦρος, φελλός, φελός.

Ueber die verschiedenen Eichen sagt Anguillara 68 folgendes: De gli Alberi, che fanno ghiande. Prima dobbiamo sapere, se tutti gli alberi, che producono Ghiande, sono hoggi conosciuti, ò nò. Theofrasto parlando . di queste piante, ne ragiona hor di sententia dei Montani, hor secondo i Macedoni e hor secondo gli Arcadi. I Macedoni ne facevano quattro specie, e i Montani cinque; ma però in Italia tutte sono molto ben conosciute.

La prima specie che i Montani chiamano ἡμερίς et i Macedoni ἐτυμόδρυν: Il Gaza traduce hor placida, hor vera Quercia, noi la chiamiamo Quercia, et in Abruzzo Ghianda Castagnola. produce questo albero la Ghianda grande, grossa, e lungha. e queste sue ghiande in alcuni luoghi della Spagna si mangian cotte nel fuoco, come noi facciamo le castagne.

La seconda specie da' Montani è detta αἰγίλωψ, i Macedoni la chiamano ἀσπρίν, il Gaza Cerus: e noi ancora li chiamiamo Cero, et il suo rizzo, dove stà la gianda si chiama vallonia. La terza specie, che i Montani chiamano πλατύφυλλος ha il medesimo nome appresso i Macedoni. il Gaza traduce hora Esculus, et hor latifolia: noi diciamo Fargno, e Fargni, e Ischio.

La quarta specie è detta da Macedoni, e Montani equalmente φηγός. Il Gaza la chiama Fagus e noi Faggi.

La quinta specie non fu conosciuta dai Macedoni: ma ben da' Montani, liquali chiamarono ἀλίφλοιος. Il Gaza traduce Salsicortex, et ancora Recticortex: noi Rovere la diciamo. Altre specie ancor si ritrovano simili tra se di figura, e nella grandezza solo differenti.

La prima i Greci chiamano πρῖνος: Il Gaza Ilex, noi Lecini, et Elici.

La seconda φελλός: Il Gaza suber.

'La terza ἀγρία: Il Gaza Aquifolio.

Queste sono le sorti de gli Alberi, che producono ghiande conosciute in Italia.

3. Corylus avellana L.

(Fraas 249. Heldreich 15. Meyer II, 146. 247. III, 64. 403. Kerner 821, über den Namen vgl. Mahn etym. Forsch. p. 38.) ἄλαρα, λεπτόκαρον, λεφτοκαρυά, λεφτοκάρια, ἡρακλεῶτις, καρέα.

Die von Dufresne zum letzten Worte citirte Stelle aus Matth. Silvat. stammt aus Simon Genuensis; über καρύα und κάρυον vgl. Lobeck Proleg. 77. In dem Byzantiner zu Oribas. werden die κάρυα ποντικά erwähnt: 590, 18. 577, 5. 10. 18. 543, 9. 553, 11. 626, 4. 576, 19. 564, 33. 600, 19. 32. 529, 21. 561, 28; bei Oribas. selbst in B. IV, 66, 8. Σινωπικά dagegen III, 124, 13; κάρυα I, 67, 6. 68, 2. 69, 1. II, 590, 1. III, 646, 2. IV, 525, 2. κάρυον μικρόν 543, 9.

4. Carpinus Ostrya L.

(Fraas 249.)

ὀστρία, ὀστρυά (hodie).

5. Castanea vesca Gaertn.

(Fraas 45. 251. Heldreich 18. Meyer III, 81.' 75. 403. Kerner 820. Diosc. I, 137.)

λίπιμον (κασταναίας ἄνϑος), λόπιμον, βάλανος, γυμνόλοπον, ἀχιναῖος, ἀχηνιός, σαρδιανόν, μαλακόν.

Vgl. Schneider zu fragm. 76 Nicand. pag. 113 und Schol. Nic. Alex. 271 ed. Did. u. ed. Keil p. 92. Paul. Aeg. p. 24.

199. Betulaceae Bartl.

2. Betula Alnus L.

(Fraas 254. Heldreich 15.)

σκλίτρο, σκλήϑρη (vgl. Diefenbach Orig. Europ. 257), κλήϑρη.

202. Taxineae Rich.

1. Taxus baccata L.
(Fraas 255. Diosc. I, 577. Heldreich 14. Meyer bot. Erl.
zu Strabo 20. Günther Zierpfl. 12.)*
. λευκάνθημον (? Taxus arbor), ζαδουάρα,˜ ζωδονάρα, σμύλαξ.
Ueber das Gift darin vgl. Aët. 628, C. 643, G. Paul. Aeg.
548, D. Ruell. 217, 14. 61, 45. 93, 34; dagegen 216, 41. Zu
den von Meyer III, 536 angeführten Synonymen vgl. meine Abh.
über den Eibenbaum in Pröhle's Zeitschr. Vaterland B. 2, p. 238 fg.
2. Ephedra fragilis L. var. graeca.
(Fraas 256. Diosc. I, 540.).
ἔφυδρος, ἀνάβασις, ἀναβάσιον, φαίδρα, χερέδρανος.

203. Cupressinae Rich.

1. Juniperus phoenicea L.
(Fraas 258. Heldreich 12. Diosc. I, 104 fg. Schouw in
dem bei der folg. Familie citirten Werke p. 24 fg.)
ἰουνίπερουμ, ἰουπικέλλουσον, κέντρος, κένδρος, μνησίθεος,
κατζαραία, ἄρκευθος, ἀρκευθίς (Diefenbach Orig. Europ. 370),
λιβιούμ, ζουορινοίπετ, ἀκαταλίς.   •
˙ Anguillara 45: del Ginepro. Le parole, che si usavano al
tempo di Theofrasto secondo che egli.afferma, furono causa, che
Dioscoride commettesse errore in chiamare i cedri di Theofrasto
Ginepri. e per questo i Ginepri di Dioscoride sono i cedri di
Theofrasto: conciosia che.Theofrasto nel li. 3 al cap. 12 dica, che
ambedue queste sorti di piante si chiamavano cedri. Questo istesso
aviene hoggidì à noi, che cosi il Ginepro, come il cedro si chiamano Ginepri. Nicandro ancora chiamò i frutti del Cedro Ginepri,
ma è sapere che il testo quì di Dioscoride intorno a' frutti del
Ginepro si dee correggere: perche nell' essemplare Greco del Cal-
furnio, che soleva essere in San Giovanni di Verdara in Padova,
si leggi: ἄρκευθος ἡ μέν τίς ἐστι μεγάλη, ἡ δὲ μικρός. τῆς μὲν
μεγάλης καρπὸς κατὰ καρύου ποντικοῦ τὸ μέγεθος, τῆς δὲ μικρᾶς
κυάμου ἴσος, στρόγγυλος δὲ καὶ εὐώδης· E cosi sono in fatto, che

7

una specie di Ginepri fa i frutti grossi quanto è una nocciuola, come si può vedere per tutta la costa del mar Toscano, e parimente dell' Adriatico et anche in Schiavonia, ove sono bellissimi. L'altra specie fa i suoi frutti piccioli come una fava commune, e tutti chiamansi Ginepri ne' ʋsudetti luochi. Vgl. die folgende.

Juniperus oxycedrus L.

(Meyer I, 192. II, 245. bot. Erläut. zu Strabo 187.)

λατζακέα, κέδρος, τζουνίπεριν, ξυλοζουνίπερι.

Hierher gehört die μικρὰ aus der oben angeführten Stelle aus Anguillara.

Juniperus Sabina L.

(Meyer III, 408.)

βοράτη, βάρυϑον, βάρυτον, βάρον, σαβήνα, σαβίνα, ἐπλούλ, ἐπχούλ, ἐβούλ, βίσα, βίσσα, σφαιρίτης, βράϑη (βράϑυ Anonym. carm. de herb. in Bucolici ed. Didot I, 171).

Ueber βράϑυ und arab. ebel vgl. de Lagarde ges. Abh. p. 6. 7.

Juniperus excelsa M. B.

κεδρία, ντερονναά, ξίφος.

Juniperus communis L.

(Meyer III, 526.)

κατζαραία, κατζούρου, κατζαρία.

2. Thuja articulata Vahl.

(Fraas 261. Diosc. I, 787. Vgl. meine ausführliche Bemerkung in Zeitschr. f. d. Gymnasialwesen B. XV, 279.)

σανδράους, βερονίκη, βερνίκη.

204. Abietineae Rich.

(Fraas 263. Heldreich 12. Bonplandia 1860 No. 6 u. Zeitschr. d. Acclimat. Vereins Berlin 1861 p. 84 fg. Bot. Zeitung v. Mohl u. v. Schlechtendal 1865 p. 213 fg. Meyer III, 362. Bot. Erläut. 57. 72. 165 fg. 186. Lenz 373 fg. J. F. Schouw de Italienske Naaletraeers. Geographiske og historiske Forhold. Kjöbenhavn 1844, p. 24 fg.)

πινόλια, ἄβιες, βοστάτη, βοράτη, ζεῦγμα, ὀπὸς πεύκης, ῥητίνη ξηρά, ἀγιάζουσα, ἡ λευκὴ ῥητίνη, ἀρατζίνη, ἀρτζύνη, ῥυσίνη, ἡ ὑγρὰ πήσα, κόναρα, κόνα, κουνάριον, κουκουνάρα, κῶνον, κόκαλον, στρόβιλος (Lobeck Phryn. 396 fg.), στρόβηλος, χαπή, νταλγουζά, γράνον, γάνα, ἐζελέμ, χαβεβαλέζεμ, χάββ ἐζζελέμ, φθείρ (cf. Hérod. 4, 109. Scholien zur Ilias. 220. Humboldt Asie centrale I, 243).

In seiner Abhandlung über ὑλαίη bei Herodot IV, 54 sagt Phil. Bruun in Bulletin de l'Acad. d. Sc. Petersb. 1860 I, 367 fg. nach Besprechung von ·πάδος, πηδόν und Plin. III, §. 122 ed. Sill., dass die Griechen im Mittelalter dort den Baum pidea genannt hätten. Sodann fügt er hinzu: Probablement il s'agissait dans ce cas de bois de sapins, vu que cet arbre s'appelle en latin abies, que selon l'opion de plusieurs auteurs, les Romains avaient pris ce mot des Grecs de la Sicile, et que, d'apres Ducange (v. ἄβιες), il était encore en usage chez les Byzantins du moyen age, sans avoir changé de signification. Humboldt, Reisen in die Aeq. Geg. III, 270 verglich sie bekanntlich mit den Anden von Neu-Granada.

c. 3. Pinites succifer Göpp.

κεραβέ, κέραμε, κάραμε, ·karabe, karbet, kerbes, κάρδαμε, ἱριχήνη.

207. Piperaceae Rich.

1. Piper nigrum L.
(Fraas 266. Lenz 390. Meyer III, 75.)

δαφουφέρ, πέπερι μέλαν.

Das Nimolum bei Hildegard. 19 ist vielleicht Piper longum. Bei Jacob de Vitriaco steht Piper album et nigrum.

210. Asarineae R. Br.

1. Aristolochia pallida W.
(Fraas 267. Diosc. I, 343. Lenz 462.)

ἀριστολοχία στρογγύλη.

Aristolochia cretica bei Scribon. Larg. 70? Oribas. IV, 599, 35. 606, 5. 31. 624, 21. 619, 14. 594, 4. 610, 6. 12. 571, 4. Schol. Nic. Th. 509. 937. Vgl. Lobeck Proleg. 44 adn.

7*

Aristolochia parvifolia Sibth.

(Diosc. I, 344, 5. Fraas 267, anders Meyer I, 248.)

μηλόκαρπος, μελέκαπρος, ϧέξιμος (Diefenbach Orig. Europ. 431), τευξινον (id. 432), Teuxinos.

Isidor 17, 9, 52 Arist. quam et Dactylintem vocant. Oribas. IV, 612, 14. 27. 627, 27. 634, 25. 608, 5. 561, 26. Aristologia in der salernit. Handschr. 14, auch einmal Aristolocie.

Aristolochia baetica L.

(Rosenthal Synops. 246, und gegen den Tadel seines Referenten in Zarncke lit. Centralbl. 1862, p. 146 vgl. besonders Fraas 268 volle Bestätigung der Bestimmung von Sibth. — Diosc. I, 345.)

πυξιόνυξ,   ιοντίτις, δάρδανον, ἀραρίξα, ἄραρα, ἀψίνϧιον χωρικόν, σοφοέφ, ληστῆτις.

Aristolochia bei Hermes Trismeg.

Aristolochia rotunda L.

(Meyer I, 248. Unger Reise in Griech. 122.)

Azzarâwand (Hartmann, Edrisii Africa p. 223); Aristolochiae i. e. Falternae i. e. Raiae, genera sunt tria i. e. nodosa, longa et rotunda in libr. Dynamid. ed. Maï p. 441 sind unbekannte Syn. Bei Scribon. Larg. 202 ist zu Malum terrae wohl rotundum zu ergänzen, wie 206 vollständig steht.

2. Asarum europaeum L.

(Fraas 267. Diosc. I, 19. Lenz 463. Kerner 810. Meyer III, 409.)

κερέερα, ϧέσαν, αἱμα "Αρεως, βάκκαρ (Diefenbach Orig. Europ. 237.)

Isidor 17, 9, 7. Theod. Prisc. 101 A. Aesculapius 36, C. 65, A. Oribas. I, 434, 2. III, 555, 6. IV, 561, 6. 577, 26. 562, 16. 579, 16. 576, 26. 581, 15. 558, 27. 556, 3. 578, 22. 561, 9. 559, 2. 565, 8. 564, 25. In Pseudo-Galen de simpl. ad Pat. 80 H. ist eine eigenthümliche Beschreibung, in der auch aus Gallatia Gallia gemacht wurde. In der phys. Hildegardis heisst die Pflanze Haselvurtz p. 95; das dort vorkommende Asarum 31. 36 und Aserum 116. 123 ist aber Glechoma hederacea L., deren Syn. in den Glossen Acer, Gundereba, in den Syn. Helmst. Acer, Acera, Azarum, Edera terrestris sind. Aemilius Macer beginnt mit dem Verse: est asarum graece vulgago dicta latine; und so wird auch wohl vulgigina (plur.) im Capitulare gleich asarum sein. Ueber asarum in der Salernitan. Handschr. und im Circa instans vgl. Janus Zeitschr. f. Gesch. u. Lit. d. Medicin B. I, 82 fg. In der nabath. Landwirth. Asârûn. Ob in πίσαρις ein koptisches Wort = asarum etc. sich erhalten haben mag, vgl. Monatsber. d. Berl. Acad. 1865, 427.

218. Amomeae Rich.

1. Alpinia Galanga L. —?
(Meyer III, 536. IV, 112. Sprengel h. rei herb. I, 242.)
γαλαγγά, γάλακκα, γαληγήνη, ἀλχανία, χολιβίν, κουλουτζία. Ruell. 378, 13 Cyperus Babylonicus. Salmas. de hom. hyl. iatr. 214. Jul. Scaliger de plant. Arist. p. 137, 1, A.

2. Amomum L.
(Fraas 278. Diosc. I, 14. Lassen ind. Alt. I, 155. 284. 281. II, 36. III, 75. de Lagarde ges. Abh. 177, 9. Berg Pharmacogn. d. Pfl. 423.)
βαρίαδον, βαριάδων, κάκουλε (α), κακοῦλιν (in Edrisii Africa Sect. VIII muss wohl Qâfalah, das Jaubert mit Cardamome übersetzt, Qâqalah heissen, also = Amomum granum paradisi), καψικόν, καψυκόν, κάχριον, κάνχριον, Cacreos, κερατοφόρον, μενεγέταις, σηταρατζάναχ, σικταρατζχίδος, σίτρεφ, σίτραξ, σιτράτζι.
Im Verzeichniss steuerpflichtiger Waaren des Marc. Aurel. (Dirksen üb. Justin. Pand. Abh. d. Acad. 1843) steht amomum und cardamomum ohne Varianten. Ein Amomum rubeum erwähnt aus der salernit. Handschr. Janus I, 77. Cardamomum Theod. Prisc. 237, A. 239, A. Pseudo-Orib. 226, D.
Ueber μενεγέταις Myreps. p. 363, D. heisst es in der Anm. vox barbara, Graecis inusitata. per eam haud dubie intelligit id cardamomi genus quod officinae granum paradisi nominant. Nam Hispani ad hoc nomen alludentes in hodiernum diem melligretam et vulgo malagretam vocant. Im Dict. medico-hispan. steht Melegueta, grano de Parayso.

3. Curcuma Zerumbet Roxb. u. longa L.
(Rosenthal Synops. 129. Berg 107. Fraas 278. Diosc. I, 13.

Forskal flor. aeg. arab. pag. CII. Meyer II, 245. 417. 423. 419.
III, 483. 527. 536. 378. IV, 112.)

βιδεουάρα, τζηντουάρ, τζεστουάρια, ζουντουπᾶς, ζουρουνίζη,
ζουρουμπέδ, ζουδάρα, ζηρωμπᾶ, ζαδόαρ, νίτταιον.
Simon Genuensis: Zeduar ar zedoaria y ap. avic. ğeduar vocatur et zurumbet est species ejus et est diferentia inter utriusque
ego vidi zarumbet. Ruell. 139 Zadura aliis Zaduara radix est
teres, aristolochiae rotundae non absimilis, sapore et colore gingi-
beris, hanc ad nos India mittit.... officinae et medicorum vulgus
zedoariam nominat. Salmas. de hom. hyl. iatr. 213 fg.

4. Zingiber officinale Rosc.
(Rosenthal 129. Lassen ind. Alt. I, 284. III, 56. IV, 888.
Fraas 278. Diosc. I, 300. Forskal p. CII. Meyer bot. Erläut.
129. 149. Gesch. d. Bot. II, 167. III, 72. 73. Lenz 322. Ge-
naueres hierüber wie über diese ganze Familie nächstens zu Simeon
Seth.)

κικίμπριν, ζιζιβέρη, ζιγγιπήα, ζεντιπήλ, τζιτζίπερ,
τζινζεύρο, ξυλογιγγίβερι, τζέντζερι, τζεντζάβρου, ζανζαπήα,
ζανζαφήλ, ζανζίβερ.
Was ist Zygiberis p. 440 libr. Dynamid. ed. Maï? Bei Paulus Aeg. lib. V, 2 ist ζιγγιβέρεως hinter λιβανωτίδος zu streichen
und dafür σμύρνης zu setzen, wofür öfter ζμύρνης geschrieben wurde.
Bei Abkürzungen setzte man dafür dann zwei ζ, und das nahmen
die Abschreiber für ζιγγίβερι. Dieselbe Verwechselung kommt vor
VII, 17 im Emplastrum barbarum und Emplastrum ex cinere
aspidum.

5. Costus speciosus Sm. —?
(Fraas 278. Günther Ziergewächse 20. Diosc. I, 29. II, 353.
Meyer II, 167. III, 374. 404. Ritter Erdkunde V, 475. Lassen
ind. Alt. III, 53. 54. Wiegmann's Archiv f. Naturgeschichte 1845,
II, 375.)

κόστος.
In Arrianus Peripl. 22. 28 ist κόστος Ausfuhrartikel von
Minnagara, dem heutigen Tatta am untern Indus, und von Bary-
gaza. Marcell. Empir. cap. 20, pag. 336 B: Draconteae radix,
quae radix est quasi Costum, et bene olet. Oribas. IV, 80, 1.

625, 2. 561, 21. 32. 600, 28. 15. 39. 562, 20. 567, 27. 553, 19.
28. 583, 30. 577, 16. 550, 17. 597, 31. 559, 13. 580, 16. 547,
24. 566, 5. Anguillara 34: il Costo altro non è, che la Zedoaria
che communemente si usa, ciò è lo Arabico costo: e che questa
radice non sia la Zedoaria Avicenna e Serapione ne chiariscono.
Vgl. Ruell. 142. 543.

219. Orchideae Juss.

1. Orchis Morio L.

(Fraas 279. Diosc. I, 473. II, 553. Meyer I, 309. Heldreich 9.
Ruell. 747 fg.)

κυνὸς ὄρχις (de Lagarde ges. Abh. p. 27), ἀρχιδόσκυλον.

Anguillara 232: L'Orchis, over Testicolo e Cinosorchis è assai
noto. chiamasi dalli Herbari Testiculus canis e Coglioni di Canine.
L'altro è chiamato Satirion e Testiculus vulpis; benche altra cosa
sia il Satirio. Sono molte maniere di queste piante. Enne uno,
che fa tre testicole. onde Paolo Egineta nel lib. 4; cap. 4 ne lasciò
memoria chiamandolo Herba Serapiede e Triorchi. Vgl. dazu die
Stelle aus Galen bei Oribas. III, p. 671 und Paul. Aeg. p. 515 D:
in Alexandria, Serapiade, quae et orchis et triorchis nominatur...
Ausführlicher aber ist folgende von Anguillara nicht angeführte
Stelle desselben p. 635, H: Orchis herba appellatur etiam κυνὸς
ὄρχις.... Orchis quae et Serapias et ab aliis triorchis, quasi tri-
testicularis dicitur.

7. Aceras anthropophora R. Br.

(Fraas 279. Diosc. I, 475. II, 553. Diefenbach Orig. Europ.
441. Salmas. exercit. Plin. 190, b, F. Unger Reise in Griech. 120.)

ἀπσαλλά, ἀπαλλά, λερπόμαν, χάσκουσα, χούς, σατύριον,
σατόριον, σάτορον.

Isidor 17, 9, 43 Satyrion; vulgus vocant Stingum; item et
Orchis; item et Leporina. Auf pag. 441 libr. Dynamid. ed. Maï
(vgl. Apulej. cap. 16) entspricht in den Worten: „Satyrion, Romani
Priapiscum dicunt, quod et Tentaticon i. e. Mazicinum, quam
vulgus Extingun vocat, alii Gartcolon" das Extingun dem Stingum

bei Isidor; ob Tentaticon statt Entaticon (wie Meyer III, 499 will)
oder aus erythraicon (vgl. die Lesarten zu Plin. XXVI, §. 97:
erythrecon, therythrecon, terythecon, threcon) wage ich nicht zu
entscheiden. Apulej. hat cap. 16 ⁻ in Parabil. Med. ed. Ackermann folgendes: Graecis dicitur satyrion, aliis cynosorchis, aliis
entaticos, erythron (eriton Torin.), panion, serapion, aliis orchis.
Aegyptii menem, Galli uram, Itali priapiscon, alii torminalem
(orminalem Hum.), alii testiculum leporinum nominant. Dagegen
steht in der Collectio Wechelii Par. 1529: cinos: panion. Galli
via, a Graecis Satyrion: eunaticon: serpionon. Itali priapiscum.
Aegyptus orcisalitexion: eriton: mene: torminalis. Simon Genuensis ᵇ. v. Satirion hat noch die Syn. palma cristi und cinos orchis,
deshalb steht bei Matth. Silv. orchicinos i. c. testiculus canis.
Ruell. p. 748 erwähnt auch der palma Christi, aber als Syn. des
griech. basilicon, und dann testiculus sacerdotis. Vielleicht gehört
λερπόμαν zu leporina, wie ληρόβιν zu ληβόριν.

10. a. Serapias Lingua L.

(Fraas 280. Diosc. I, 490. II, 564.)

κέστρον, μηδοῦσα, πλατυκάρπω.

Ruell. sagt p. 759, 18: pueri, qui montibus oberrant, nigros
capettos nominant. Anguillara p. 240: la Lonchite prima, che
corrisponda al detto di Diosc. e habbia tutte quelle noti, io per
me non conosco.

221. Amaryllideae R. Br.

4. Narcissus L.

(Fraas 285. Diosc. I, 646. Meyer III, 87. Ruell. 862.)

κυνογλῶσσά, αὐτογενές, κανσαλίδες, φόγχαρ, νάρτζης,
νάρκισος, νάρκισσον, ἐλτζήζη (ναρκήσου ἔλαιον).

Am Schluss über Narcischus sagt Sim. Genuensis: „narciscus
i. e. narges bene dixit gr. et expōuit per arabicum. In der nabath.
Landw. wird die Pflanze zweimal Nargis genannt. Vgl. ausserdem de Lagarde ges. Abh. p. 11 Anm.

222. Irideae R. Br.

1. Gladiolus communis L.

(Fraas 294. Diosc. I, 521.)

μαχαιρόνιον, μαχαιρόφυλλον, μακαιρίσα (auch 3), ξίφιον, ξίφος, φάσγανον, γλαδώλουμ, γλαδίουλος, ἄριον, ἀνακτόριον, ἀνατόριον, καλαμόκρινον, πικραλίς, σπαϑοβότανον, (hodie σπαϑόχορτον), ἐλχαρκός. Q. Seren. Sam. v. 751 phasganium. Dazu bemerkt Acker-mann p. 124: Gladiolus est, ξίφιον, φάσγτνον. Variae lectlones (nämlich: farganio Ranz. chascano Cod. Keuch. fasganio Cod. Leid. ed. vet. Venet. Lips.) maxime a variis graecis gladioli nominibus pendent.

Marcell. Empir. pag. 308, E: Xiphium, quam nos Gladiolum appellamus. In der ersten Kyranide gehören unter dem Artikel Xiphion zu dieser Pflanze nur die Syn. Machaera, Phasganon und das über die Wurzel gesagte, das andre zu Lilium. Simeon Seth p. 77 hat noch eine dritte Form ξιφίας. Wegen der Zusammen-stellung mit lilium sylvaticum kann vielleicht hierher gehören Marcell. Empir. 316, E. herba gladiatoricia.

Bei Matth. Silvat. steht: Elkirika i. e. radix gladioli vel gladiolus.

2. Crocus sativus L.

(Fraas 292. Diosc. I, 39. de Candolle Géogr. bot. 857. Lenz 318 fg. giebt nur theilweise die Stellen der Klassiker, die vollständig sammelte Stapel zu Theoph. h. pl. VI, 6, pag. 661 und Beckmann zu Arist. mir. ausc. p. 247 fg. 427 und Beiträge II 79—91. Berg Pharmacogn. 352. Schiller Thier- u. Kräuterb. I, 28.)

κυνόμορφος, κάστωρ, κνηκάνϑιον? ζαφρᾶς (pelasg. ζaforá, · hodie σαφρᾶς. Vgl. 174, 35, a), ξανϑητρίχα (γλωχῖνες, κροκίδες, τρίχες hiessen die stigmata croci), αἷμα Ἡρακλέους, χρυσοῦ σφαῖρα („κρόκος κιλίκιος". Zu dem letzten Worte vergleiche man Strabo ed. Kram. B. III, pag. 156, 17 und dazu Meyer bot. Erläut. 61. Babylonischer wird noch erwähnt bei Ibn Alawwam II, 121 bei Holwân, über deren Lage man vgl. d'Herbelot orient. Bibl. II, 739.

Richter über Arsaciden Dynastie 9. 217. Ritter Erdk. VII, 116.
Ueber den aegypt. in Arrians peripl. 13 vgl. Lassen ind. Alt.
III, 52. IV, 926).

Die lange Beschreibung in Pseudo-Galen de simpl. ad Pat.
81, F von Bulbus erraticus ist durch Lesarten sehr entstellt; den-
selben Namen führt dort p. 83 B auch das Colchicon; ähnlich ist
es mit Bolbûs in der nabath. Landwirth. Vgl. Meyer III, 64.

Die in Diosc. erwähnte Verfälschung des Safran. wird fast
ebenso angegeben in der Verordnung Heinrich's II. v. Frankreich
von 1550: „s'est trouvé certain nombre dudit Saffran, qui a été
altéré, déguisé et sophistiqué, et chargé d'huile, miel, moulx et
autres mixtions et sophistications ... et encores y mettent plusieurs
aultres herbes approchant de la couleur et des chairs de boeuf,
recuites et affilandrées (Traité de la police par de la Mare III, 428).

3. Iris L.

(Ueber den Accent von ἶρις vgl. Eusth. 391, 34 u. Schol.
Nic. Alex. 406 für ἰρίς (Lobeck Proleg. 66), der Genetiv bald
ἴριδος, bald ἴρεως vergl. Ermerins Aretaeus Elench. simpl. 82.
Fraas 292. Diosc. I, 9. Lenz 314. Ueber die Scheidung von
germanica und florentina vgl. Würtemberg. Jahresh. IX, 366.
Zeitschr. f. d. gesammt. Naturw. B. 2, p. 65.)

γαλβίολα?, ἤρης.

Bei Plin. Valer. p. 32 A. steht verschrieben Hysis (Genetiv)
statt des gewöhnlichen Yris. Simon Genuensis sagt: liber antiquus de simpl. medicina yreos ad similitudinem iris quem videmus
in celo.

Iris germanica L.

(Kerner 798. Bertoloni flora Ital. I, 232 Germanica Chiaggiole.)
ἡ ῥίζα τοῦ πορφύρου κρίνου.

Im Capitulare Gladiolus genannt, bei Petr. de Crescentiis
Gladiolus purpureus.

Iris foetidissima L.

(Meyer I, 9. Ruell. 782, 27. 31.)
καλαμόκρινον, ἶρις ἀγρία, ἀγρίρης, πικραλίς, ξίρις, ξυρίς,
κακός, ἄπρους, γαλβίολα.

Iris florentina L.

(Schiller H. 2, 34. Anguillara 17. Ruell. 81, 22.)

ὁπερτίτις, νάρ, ἀκόνητον, ἀκόμητον, καλαμόκρινον, ϑαυμαστός, οὐρανία, ϑελπίδη, κιϑαίρων, ῥάδιξ μάρικα, ἴρις ἰλλυρική bei Oribas. IV, 589, 20. 561, 14. 600, 31. 632, 13. 563, 20. 606, 32. 634, 17. Isidor 17, 9, 9: Iris illyrica a Latinis Arcumen dicitur. Ueber die selgische Iris bei Strabo vgl. Meyer bot. Erläut. 55. ἀστραγαλῖτις bei Galen. Bei Petr. de Crescentiis Gladiolus albus, bei Hildegard. 32 Irs illirica.

Iris pseudacorus L.

(Seidel. l. l. pag. 121. Schiller Thier- u. Kräuterbuch I, 13.) In Pseudo-Gal. de simpl. ad Pat. 81 ist acorus, fast wörtlich wie Serapion 172 D und Ibn Baithàr II, 580, nicht Acorus Calamus L., sondern diese Pflanze.

Iris tuberosa L.

(de Candolle Géogr. bot. 690. Prosper Alpinus rer. aegypt. lib. 188 u. 189.)

Ἑρμοδάκτυλος, μακκάτ, ῥομότζε, ῥοῦντζε: Das erste kommt schon vor bei Alex. Trallian. XI, p. 644 ed. Guint. Paul. Aegin. 620, H. 495, B (dreimal). Actuar. 264, B. Myreps. 364, C mit folg. Anm.: hoc nomine non intelligendum venit quod hodie ita officinae et medici appellant, sed behen, praesertim rubea. Nam lat. codd. habent behen rubei; sodann 388, CDE. 447, H. 454, C. 458, C. 376, D.

226. Dioscoreae R. Br.

Tamus communis L.

(Heldreich 82. Fraas 281. Diosc. I, 676.)

ἄμπελος μέλαινα, βρύον, βρωωνία μέλαινα, βουκράνιον, πριαδήλα, λαουοϑέν.

227. Smilaceae R. Br.

1. Convallaria majalis L.

χαμαικέρασος Diosc. Euporist. I, 154, p. 174. Vgl. Sprengel B. II, 688. und Gesner praef. p. XV. Anders Ruellius p. 182, 30.

3. Asparagus L.

(Ueber das Wort vgl. meine Scholien zu Arist. de part. an. p. 15, 80; Fraas 283. Lenz 303. Heldreich 8. 82. Meyer III, 88. 361. 334. Franz de asparago ex scriptis medicorum veterum Lips. 1778.)

μῦον, μυακάνϑη, μυακάνϑιον, κορροὐδα, σπαράγγι, σφαράγγι. ἄσπαραγος wird von Simeon Seth p. 8 ausführlich behandelt. Oribas. IV, 586, 24. 578, 18. Psell. bei Ideler I, 207, 126. Hieroph. desgl. I, 411, 14. 416, 11. Anonym. I, 424, 9. ἀσπάραγος ἄγριος Hieroph. I, 409, 14. ἀσπάραγος μυακάνϑινος Orib. II, 619, 2. Q. Seren. Sam. v. 458 ed. Ackermann p. 85. Anguillara 113: de gli Asparagi ne sono di Petrei, di Sativi, e di Palustri. La prima specie, la qual Diosc. chiama Petrea, è una cosa istessa con la coruda; e questo è Montano, come si puo vedere per ogni monte della Schiavonia, che non hanno altro, che questa pianta. Gli Schiavoni il chiamano Sparoga. Questo istesso è il Spinosa, e quello, che da Plinio è chiamato Libico, e Hormino. E non sono queste specie differenti, come molti si pensano. L'Altilis Asparago poi di Diosc. è il medesimo, che il sativo e l'hortense. E tanto queste due specie, quanto il Palustre sono notissimi in Italia. Però non accade dirne piu.

6. Ruscus aculeatus L.

(Mahn etym. Forschungen 56. Günther Ziergew. 16. Heldreich 82. Lenz 308. Fraas 282. Diosc. I, 623. II, 634. Meyer bot. Erläut. 189.)

γόνος Ἡρακλέους, ἱερόμυρτος, κατάγγελος, γυρινιάς, κίνη, μπροῦσκος (Myreps. 366, F. Anm. graece erat μπροῦσκος. qui error omnes ita invasit officinas ut in hunc usque diem adjectione unius literae bruscum appellent), μίνϑη, ἀνάγγελος, ὀκνηρός, λειχήνη, σκίκος, ἀγριομυρτιά.

Anguillara 291: Lo Oximirsine è noto hoggi sotto nome di Rusco ò Brusco.

Ruscus hypoglossum L.

(Fraas 282. Diosc. I, 613. II, 631. Rosenthal Synops. 104.)

ὑπογλώσσιον, ἱππόγλωσσον, κορακοβότανον.

Bei Plin. XV, §. 131 hat Sill. hypoglottion, XXVII, §. 93 Hypoglossa. Salmas exer. Plin. 286, a G ὑπόγλωττον ... male ἱππόγλωσσον. Vgl. 287, a, FG. Simon Genuensis: Hipoglossa. Matthioli zu Diosc. p. 516 ἱππόγλωσσον, wie fast alle älteren Ausg. haben. Anguillara 288 non è adunque da dire, che la Bonifacia sia l' Hippoglosso. Ruell. 845, 4 Hippoglossum hodie vulgus Italicum Bouifaciam vocat, multi paganam linguam. κορακοβόταvον, das ich bisher nur in Belon. 1, 42 fand, soll Syn. von ἱππόγλωσσον sein. Ist es vielleicht das corrumpirte heutige κοραλλοβότανον, κοραλλόχορτον (Ruscus aculeatus), oder, weil es am Korax häufig wuchs, das jetzige hypophyllum?

Ruscus hypophyllum L.

(Fraas 282. Diosc. I, 624.)

ὑπογλώσσιον? στεφάνη 'Αλεξάνδρου, μέτριον, ἀλεξανδριά, λάβωρα? λαδωνίς? σαμοθρακική, νταρμούτ.

Anguillara 291: Il Lauro Alessandrino non è altro, che la Bonifacia, come manifesta la descrittione.

Ruscus racemosus L.

(Günther Ziergewächse 22. Diosc. I, 626. II, 635.)

χαμαιδάφνη, χαμεδάφνη, πικρὰ δάφνη, καραγωγός, ἀλεξάνδρα? (Lobeck Proleg. 44 adn.), περσαία, οὐσουμβίς (Diefenbach Orig. Eur. 442), δαφνόκοκκα, δαφνοποῦλα.

ἐλειοδάφναι bei Simeon Seth p. 8 ist vielleicht Syn. zu χαμαιδάφνη.

Anguillara 291: Chamedaphne: Lasciaremo per hora da parte questa pianta, non essendo ancor io ben risoluto quello, che sia.

Wie bedeutende Abweichungen der schon öfter von mir erwähnte Bresl. Codd. auch bei dieser Pflanze zeigt, möge eine Zusammenstellung mit der betreffenden Stelle aus der überaus werthvollen Sammlung Ackermanns Parabilium medicamentorum scriptores antiqui. Norimb. 1788 zeigen.

Ackermann p. 222.	Cod. Vrat. fol. 60.
Eupeplios graece, daphnoides, hypoglossion, eupetalon, diglossos, nicephyllon, idaea daphne, samothracia daphne, mitrion, danae, Stephane Alexandru, chamae daphne, carpophyllon, daphnitis, Latine	A grecis dicitur dafniodis, alii dafnes alexandrinos, alii pelleonidia, alii deglosson, alii nicesfyllon, alii samatracinus, alii ypoglossus, alii daphnites, alii stephanos alexandrinos, alii perbicam, alii victoriae

Ackermann   cod. Vrat.

pervinca, victoriae folium, laurus folium alii laurús alexandrinos, Alexandrina, Macedonica, laurago, mustellago terrestris vocatur. alii alexandri coronam, alii victoriola.

7. Smilax aspera L.

(Fraas 281. Diosc. I, 621. Günther 15. Forskal p. XXXV σμιλάγγια.)

ἐλίδι, σμῖλαξ, σμιλακία, ζμῖλαξ (aber Zmilax in der ersten Kyranide == Smilax laevis Diosc. == Convolvulus sepium L.), δυτικόν, ἀνίκητον, ἀνατολικόν, λυισθῆ, ἀρκόβατος (hodie ἀρκου-ϑόβατος).

Anguillara 290. La Smilace in molti luoghi d'Italia è chiamata Straccia brache. Ruell. 850, 19 folgt dem Artikel in Simon Genuensis.

228. Colchicaceae DC.

1. Colchicum L.

(Fraas 284. Diosc. I, 581. II, 612. Heldreich 6. Meyer III, 281.)

ἐλσίτζη „τὸ ἔλαιον τοῦ ἐφημέρου“, φαρικόν? φαριακόν (? Hermann Orph. p. 709).

Nicand. Alex. 249 mit der ausführlichen Bemerkung des Scholiasten und 398. In Pseudo-Galen de simpl. ad Pat. 83, B. steht: Colchicon vel Ephemerum. Hanc ipsam herbam aliqui Bulbum erraticum dicunt. Was Ugera bei Hildegard. 144 (sowohl Sing. als Plur.) ist, warum Sprengel es für C. autumnale L. hielt, weiss ich nicht. Simon Genuensis hat zwei Artikel: „Effemon, quidam bulbus quem vocat colcito vel coltico“ und „Effemeron, q. multi yrin agrestem dicunt“ etc. entsprechend den beiden Cap. in Diosc. IV, 84 u. 85.

2. Veratrum album C.

(Vgl. oben 118, 10. Berg u. Schmidt Darst. u. Beschr. d. off. Gewächse XVII, c. Fraas XII. 132. 189. 284. Lenz 280. Diosc. I, 627. II, 635. Bussemaker et Daremberg Oribas. B. II, p. 796 Anm. (l'ellébore blanc) son identité avec le veratrum album nous paraît, après tout, l'opinion la plus vraisemblable; elle est partagée par Hanin, Guibourt et par Fée, dann p. 800 u. 810.)

πολύειδος, γόνος Ἡράκλειος, ἀσκίς, ἀνεψᾶ, ἀνάφυστος, ἀνάφηστος, σόμφια, λάγινον — ἀσκλήδα, χαρμπάχ, χάρβακ? Oribas. IV, 594, 15. 20. 592, 9. 598, 34. 629, 18. II, 107, 2.

229. Asphodeleae Bartl.

3. Lilium candidum L.

. (Fraas 286. Diosc. I, 451. Kaumann Symb. d. germ. Baukunst 9. Kerner 791. Lenz 287. Jessen über die Lilie der Bibel in der bot. Zeit. v. Mohl u. v. Schlechtendal B. 19, p. 77.) ζήλιος, αὖρα κροκοδείλου, αἷμα "Αρεως, αἷμα "Αρεος, ξιφορύπτης, κρίνον, συμφαιροῦ, τίαλος, σοῦσον (vgl. Meyer III, 75. 281), σουσένε, σαουσέμ, σενουσέμ, σουσήν.

In Dicaearch fragm. Beschr. des Pelion sind τὰ ἄγρια καλούμενα λείρια = Lil. cand. u. Carneolicum (Chalced. Jacq. non Linn.)

. Simon Genuensis s. v. crinon und iris. Walafr. Strabo 17. Jessen Bot. d. Gegenwart u. Vorzeit 118.

Lilium chalcedonicum L. und bulbiferum L.

(Diosc. I, 470. Fraas 287.)

ἡμεροκαλλίς, ἡμεροκαλές, ἡμεροκατάλαχτον, ἀντικάνθαρον, ἀντινάρθαρον, βολβὸς αἱματικός, θίσε, τὰ κρίνα τοῦ ἀγροῦ, ἀβιβαβού, ἀβλιβαβοῦ.

ἡμεροκαλλίς bei Oribas. 419, D. 497, A. 465, G. auch in der neuen Ausgabe von Buss. u. Dar. B. II, 637 wird übersetzt la racine du lis bulbifère. Paul. Aeg. 622, A. Aët. 26, H. Simon Genuensis sagt: Emerocales dia: emerocataleptō folia hī et astū similem lilio in initio cum se ceperit aperire tunc flores lilii ostendit sed postquam floruerit viridem colorem facit et bonum odoratum radix eius bulbo similis est et paulo maior.

7. Allium magicum L.

(Dodonaeus. hist. 985. Bauhin Pinax 75. Fraas 291. Meyer II, 192. Diosc. I, 395. II, 517. Lenz 295. Philologus 1859, p. 637 pharmaceutische Siegelstempel von Osann „υ in Namen von Naturstöffen weist auf ausländischen Ursprung hin, so μῶλυ, μίσυ, ψῶρυ"; Anguillara 90; Anonymi carmen de herbis c. God. Hermanni emend. ed. Sillig cap. 13.)

λακώιον ἄγριον, μώλυα, ἐλμουκοκώ.?

Den geheimnissvollen Namen Moly gab man in verschiedenen Gegenden verschiedenen Pflanzen. Das bei Diosc. gehört vermuthlich hierher. Hätte Haller (bibl. bot. I, 111) hieran gedacht, so hätte er Galen (XII, 940. XIII, 257) keine Inconsequenz vorwerfen können. (Vgl. Peganum Harmala 16, 2.)

Allium Porrum L.

(Meyer III, 82. 83. 534. 531. Kerner 814. Heldreich 7. Anguillara 118. Forskål p. LXV. „Korrât". Bauhin Pinax 72.) πράσον, πράγα, πόρη (Porrus bei Apic. und im Capitulare, nicht im Breviarium), μπαζούρκουλα, τόχμε κάντανα — μενέβραδον, μενέφραδον?

(Das πράσον, von dem Ritter Erdkunde B. 19, 1193 als wahrscheinlicher Nahrung der σάλπη spricht, hält er pag. 1186 für Caulerpa prolifera.)

Die von Columella gegebene Eintheilung blieb bis in späte Zeiten. Im Gloss. S. Blas. Porrum. cujus genera duo sunt, capitatum et sectile; das erstere gehört hierher. Salmas. exer. Pl. 703, B. 823, B. Simon Genuensis hat nur: porra prassum gr. porrum. prasson carton porrum secctinum prasson kefaloten porrum capitatum. κεφαλωτὸν πράσον Oribas. IV, 76, 11; 633, 30. Surrigo bei Hildegard. 50 steht dieser Pflanze sehr nahe, wenn sie nicht dieselbe ist.

Allium Cepa L.

(Heldreich 7. de Candolle Géogr. bot. 828. Kerner 815. Meyer II, 243. III, 63. 531. Ruell. 526. Bauhin Pinax p. 71.) χελιλίγζ, χελιλίγξ, χελήλιζ, κέβουλι, Cepa (Pelasg. képe), cepula, κέπουλον (29, 14), κέββουλιν, ῤῥομύδια, πολύειδος, πιάς, μπασάλ (in Aeg. basál cf. Forskål LXV. Bussul cf. Ainslies Mat. med. Ind. I, 269. Ueber das hebr. Bezalim cf. Rosenmüller IV, 96), καλακάσσιον, κρεμέδι, κρεμίδι, κρεμήδια, κρόμμυον, κρόμυον (Psell. bei Ideler II, 268, 18), κρομμύδιον, σκιλλοκρόμμυον, κρόμυα λευκά, περδίκια λευκά? κρομηδίτζια.

Ich habe κρομμύδιον und κρομηδίτζια hierher gesetzt und nicht wie andere zu Allium schoenoprasum, das für jene Gegenden im Tieflande so allgemein mir bedenklich erscheint. Unger (Reise in Griech. 119) fand es in Cephalonia, aber im Ganzen wird wohl Fraas 291 Recht behalten. Das Capitulare erwähnt seiner vielleicht im Worte britlas (Kerner 813); so bedeutend aber wie in der nordischen und altnordischen Landwirthschaft (vgl. Schübeler, die Kulturpfl. Norwegens, Christiana 1862, p. 168) ist es nie gewesen. Die von Eversmann (Reise von Odenburg nach Buchara) aufgeführten Allium-Arten sie vielleicht die von Strabo B. II, p. 465, 20 erwähnten essbaren Wurzeln der Massageten.

Allium ampeloprasum L.

(Diosc. I, 289. II, 473.)

ἀμπελόπρασον, γηρυλίς.

Ueber Gethyon, γήτια, γηϑυλλίς u. a. vgl. Salmas. ex. Plin. 823 a. Oribas. IV, 625, 5. Pseudo-Orib. de simpl. 182, C. Paul. Aeg. 369, E. 613, E. Aët. 10, B. Jul. Scaliger de plant. p. 67, 1, C. Ruell. 526 hat folg. Syn. vineale porrum, cepe caninum, aratillus. Sim. Genuensis: Ampeloprason gr. est vice porrum ... hoc multi aratillum vocant.

Allium sativum L.

(Heldreich 7. de Candolle Géogr. bot. 830. Ruell. 529—34. Lenz 298. Fraas 290. Diosc. I, 290. Forskal p. LXV: Tom. Meyer III, 65: arab. Tsūm.)

σκόροδον, σκόρδον, σρόρδον, σκουρδοῦμα, σκόρδιον, ῥόκας (ῥᾶγας Diosc.), σκίμνια, σχελίδες, σκελίς, σκαλλίς.

Bei Plin. Valerian. fol. 35 B Cibulla germanica. Im Capitulare: Alia, wie die alte Form bei Cato, Largus u. a. Das Gloss. Helmst. hat die aus dem Ahd. entnommene veränderte Form Knovelock — Janus Cornarius zu Paulus Aeg. V, 33 sagt: illas partes capitum allii Paulus hîc σκελλίδας appellat, Galenus saepe πυρῆνας, Dioscorides ῥᾶγας, Aëtius ὄνυχας, Hippocrates ἄγλιϑας et δαιτίδας. Vgl. ἀγλίϑες bei Schneid. Nic. Th. 874 und Schol. zu Nicand. Alex. 432; über εὔαγλις Diosc. ed. Spreng. II, 474; ἄγλιϑες ἐξ ὧν ἡ κεφαλὴ τοῦ σκορόδου σύγκειται· τὸ δ᾽αὐτὸ καὶ γέλγιϑες in Anecd. Bekker. 327. cf. Lobeck Proleg. 95.

Allium fistulosum L.

(Fraas 290. Kerner 813.)

κακούβαι, μονόκοκκα.

Ueber das zweite Wort handelt ausführlich Salmas. 822 A.
823 B. Verleitet durch den franz. Namen oignon und den engl.
onion zogen manche, z. B. Kinderling die Uniones im Capitulare
zu Allium Cepa; es ist aber wohl wahrscheinlicher diese, die als
dritte schon Columella 12, 10 unterscheidet: Marsicam simplicem
quam vocant unionem rustici. Bei Hildegard. 55 heisst die Pflanze
in der Ueberschrift Porrum concavum, im Text Dume Porrum (dum-
mes, d. h. schwaches). Bei Marcell. Empir. 330 B. ist statt Allium
Gallicum zu lesen Alum (vgl. oben). Allium Gallicum hat auch Torin
in Apulej. 60, wofür in der Collectio Wechelii anagallicum steht.

Allium scorodoprasum L.

ὀνόσκορδον? (cf. 151, 29.)

8. Ornithogalum pyrenaicum L.

ἀγρόσκιλλα (hodie ἄγρια σκύλλα).

Vielleicht der ἀσφόδελος bei Galen ˙de alim. fac. 2.

10. Hyacinthus orientalis L.

(Diosc. I, 552. II, 600. Kerner 798. Lenz 292.)

βάκος, ὑάκινϑον, ἐλωνιάς, γίαος γλίϑος.

11. Muscari comosum L. Bellevalia comosa Kunth.

(Fraas 289. Heldreich 7. Diosc. I, 314. II, 482. Unger
Reise in Griech. 119. ˙Sibthorp flora Graeca I, 238.)

βολβός, πόλβος, πόλφος.

Anguillara 119. Le specie de' Bulbi, che si mangiano, sono
copiose molto in Candia, à Corfù, al Zante, e parimente in Italia.
Hoggi sono da molti figurati per Hiacintho: ma questi tali si sono
ingannati; percioche la descrittione del Hiacintho e altra cosa, come
si può vedere. Hoggi chiamasi in Grecia Bulbus vulvus e vulvos,
in Italia Cepa bovina. Vor ihm hatte diese Pflanze unter diesem
Namen schon richtig erkannt Dodonaeus (hist. stirp. 217) und
Dalechamp (hist. plant. 1502). ‚

13. Asphodelus ramosus L.

(Ueber das Wort Lobeck Path. I, 560. Paralip. 341. — Langguth. antiq. plant. feralium p. 73. Fraas 288.˙ Heldreich 7.

Diosc. I, 311. II, 481. Salmas. 772, B. Ueber die ausgedehnten
Asphoduswiesen in Griechenland vgl. die Expédit. de Morée III,
2, 100, in den fieberreichen Thälern der Guadiana und des Gua-
dalquivir Willkomm, zwei Jahre in Span. II, 293, Bowles Intro-
duccion 112, auf den bewässerten Getreidefeldern Algeriens, Des-
fontainés II, 276.)

ϑούριτος, ἀσέρα, asseras, ἀσφοδήλη, ἀσφόδριον, βάρκα οὔλγους,
μολόϑουρος?

Bei Mago in Plin. XXI, §. 109 heisst er Albucus. Oribas. I,
85. 264. Pseudo-Orib. 127. 180. 221. Ermerins Hipp. alior. reliq.
pag. 101 über ἀνϑέρικος. Bekker Anecd. I, 457. Das Wort
ἀσφόδριον hat der pariser Cod. in der Stelle des Steph. Magnet.
ἀσφοδρίου ῥίζα σὺν ὄξει. Ruell. p. 554, 6: officinae perperam de-
tritis duabus vernaculis litteris et in earum vicem ascitis aliis,
aphrodilos appellant. Anguillara 128: chiamasi Amfodilli, e in
Puglia Gnuzuli Cepuluze, i Schiavoni Cepergne.

19. Aloe perfoliata prodr. fl. gr.
(Diosc. I, 364. II, 503. Fraas 291. Meyer II, 85. Okens
Isis 1819 I, 137. 139. Ritter Erdk. XII, 312 fg. Humboldt krit.
Unters. I, 282 Anm.)

ἀλόη, ἀλώη, ἀλήμων, ἄμμος, τραγόκερως, ἐφιάλτιον, ἐπι-
φάλτιον (epatites Simon Genuensis), γεντίζα, ἐγεντίζα, ἀλοκυ-
βοτάνη, ζηλέα, ζηλαία, ζελλία, σαπούρ (nach Forskal p. LXV
ara. Sabbâre).

Anguillara sagt nur p. 151: nasce per tuta Grecia et da
molti è chiamato Semprevivo. Die Vermuthung Bertolini's (flora
ital. IV, 156), dass die Agave in Unteritalien ursprünglich einhei-
misch sei, meinte Meyer III, 512 durch eine Abbildung in einem
Königsberger MSS.: „Secres de Salerne" und durch eine Stelle
in Matth. Platearius (sie steht auch ausführlich mit der correspon-
direnden aus dem Bresl. Cod. in Janus Zeitschr. I, 68) bestätigen
zu können. Dann hätte man also schon früher mit ἀλόη auch die
Agave bezeichnet, wie jetzt die Griechen mit ἀλοή (sic). Ob aber
mit ἀλόη nach Landau (Rabbin-aram-deutsch. Wörterb.) auch die
Alpinia galanga L. gemeint sein könne, wage ich nicht zu
entscheiden. In dem Byzantiner bei Oribas. kommt ἀλόη vor

602, 24. 558, 4. 7. 601, 15. 24. 561, 9. 14. 571, 5. 606, 33. 7.
559, 10. 16. 595, 29. 548, 21. 603, 10. 542, 17. 565, 17. 596, 20.
584, 12. 576, 8. 597, 25. 27. 31. 544, 22. 2. 604, 25. In Idelers
phys. et med. min. I, 427, 8. 425, 25. 5, 7. 417, 6. 410, 6. 411,
22. 311, 15.

230. Palmae L.

1. Borassus flabelliformis L.
(Meyer II, 17. 85. 393. Sprengel h. rei herb. I, 18. 272.
Lenz 214. 671. Diosc. I, 83. II, 374. Lassen indische Alter-
thumskunde I, 290. Royle illustrations to the botany ... of the
Himalayan mountains 176.)

βδέλλα, βδέλλιον, μάδελκον, μάδαλκον, βολχός, βλοχόν,
βόȶρος, βροχός, βόχο·, ἀδρόβωλον, περατικόν, μόκουλ? μούκουλ?

Eine grosse Anzahl von Lesarten bietet Sillig zu Plin. XII,
§. 35 und im Palimpsest B. VI, pag. 91. Vgl. dazu Salmas. exercit. 368. 809. 938 und de homon. hyl. iatr. 179 fg. Ermerins
Aretaei quae supersunt. Elenchus simplicium 35.

Nach Lindley aber lieferte Hyphaena thebaica Mart. das
als diureticum und diaphoreticum angewandte Bdellium aegyptia-
cum. Das gegen Harnsteine, Husten, Seitenstechen, giftige Thier-
bisse, bei Verhärtungen und Kröpfen gebrauchte echt indische
Bdellium der Griechen hielt Stocks für Balsamodendron Mukul
Hook. Das von ältern Aerzten der Myrrhe gleich geschätzte und
substituirte Bdellium africanum soll von Balsamodendron africanum Arn. herstammen. Bdellium siculum, ein Gummiharz, das
man auch für eine Sorte Bdellium hielt, erhielten die Alten wahrscheinlich aus Daucus Gingidium L. nicht aus Daucus gum-
mifer Lam.

3. Hyphaena crinita Gaertn.
(Ritter Erdkunde V, 835. Meyer II, 87 und Erläut. zu
Strabo 163.)

κουκάϊε?

Die κούκινα φύλλα in Arrians Periplus p. 19, womit die
Bewohner der Insel des Serapis sich umgürteten, beziehen sich,

wie ich schon in der Zeitschr. f. d. Gymnasialwesen XV, 278
anführte, wahrscheinlich auf diese Pflanze.

Anguillara p. 70. Del Cuciophoron. Chiama Theofrasto nel
lib. 4 al cap. 2 un certo albero κουκιόφορον [ed. Wimmer hist.
plant. IV, 2, 7], il cui frutto Plinio dimanda Arieno [Plin. ed.
Sillig B 2, p. 336, 1. B. 6, p. 79, 8. p. 88, letzte Reihe]. Hoggi
dalla Nubia remotissima regione ci si porta un frutto d'un' albero,
che penso, che sia questo, tanto per l'uso, quanto per lo sapore.
E questo frutto grande, come un poïno Cotogno, e partecipa anco
di quella figura, pieno di molti nervetti; che mangiandolo di ne-
cessità conviensi sputar fuora, succiando quel poco di dolce, che
in loro si ritrova. nel suo mezzo vi è un nocciolo simile in figura
à un Pruno, verdiccio, di sostanza durissima, e bianchissimo, del
quale si fanno manichi di Trivellini, e anelli, come anco recita
pur Theofrasto. uno di questi frutti mi diede il diligentissimo spe-
ciale M. Michiele Passamonte Piacentino prattichissimo delle·cose
Levantine, et ancora Herbariò peritissimo mio Carissimo, et hono-
rato amico.

13. Areca catechu L. •

Nicol. Damasceni ed. Meyer p. 80.

14. Cocos nucifera L.

(Lassen ind. Alt. I, 266 fg. Ritter Erdk. IV, 1, 836. Meyer
II, 388. III, 274. IV, 112. de Candolle Géogr. bot. 976. See-
mann popular history of Palms pag. 179.)

ρογχοσσοῦρα, ἀργέλλιον.

Beide Wörter sind aus Kosmas Indicopl. p. 336. (Lassen ind.
Alt. I, 269.)

22. Phoenix dactylifera L.

(Fraas 275. Diosc. I, 139. Heldreich 11. Lenz 332—354
und Hahmann, die Dattelpalme nach Ritter.)

βατα (jetzt auf Kreta auch βαηά genannt), βατς, βατν, βαϊον,
Ἑρμοῦ βατν, βατνη ῥάβδος (vgl. Hahmann pag. 22), βαγία,
κουτζουβάην, κυκλοφοινίκια, τεμαρέντι, τεμαρχεντί, τελαρχέντι,
χίφωνα, σπαϑοφοίνιξ, φοινίκια.

Vgl. Hesych. βατς, ῥάβδος φοίνικος. Nicol. Damasc. ed.
Meyer p. 95 fg. Evang. Joann. 12, 13. Maccab. I, 13, 51.

Porphyr. bei Hieronym. adv. Jovinian. II, 9. Rossi Etym. aeg. pag. 30. Theophylacti Simocatt. quaest. phys. ed. Boiss. 11. 41 und 185. Achilles Tat. I, 17 λέγουσι τὸν μὲν ἄρρενα τῶν φοινίκων, τὸν δὲ ϑήλειαν und über diesen Ausdruck Parthey Reise nach Sicilien und der Levante II, 28. Vgl. über das Geschlecht in den Blumen von Lotus Okens Isis 1820 I, 290 Anm. Ueber gedeihliche Dattelzucht am Kaspischen Meere mit Citaten aus Strabo bis zu den Arabern bei Baer in Bullet. d. Petersb. Acad. 1860 II, p. 221 Anm.

233. Orontiaceae Bartl.

1. Acorus calamus L.
(Diosc. I, 11. II, 343. 355. Fraas 274. Seidel über Heilmittel in Jahresbericht d. Schles. Ges. 1853 p. 121 über die verschiedene Bed. des Wortes. Salmas Hom. hyl. iatr. 35 u. 125, a, C. Meyer Erläut. 91. Anguillara 18—20.)

πεπεράκιουμ (Diefenbach Orig. Europ. 397), περάκιομ., κασεβερίδε, κασαβεδδηρίναι, ἀπλήτιον (cf. var. bei Diosc.), χορὸς Ἀφροδισίας, ἀφροδισιάς, ἄγκυρ, ∙νέτζ, ὀοέτζ, οὐέτζ (= οὔττον Theophr.? solche Verwechselung öfter, siehe Meyer Erläut. 110. Vgl. oben 174, 38) ἄκορον, ἄκορος (quia ταῖς κόραις — pupillis — medeatur).

In Pseudo-Galen de simpl. ad Pat. 81, A. bei Serapion 172 D und Ibn Baithâr II, 580 und ihrem arab. Diosc. ist Iris Pseudacorus L. unter Acorus gemeint. Oribas. I, 434, 3. IV, 579, 15. 624, 32. 577, 20. 26. 562, 15. Theod. Priscian. 239, A. Myreps. 456, B. 428, D. Apulej. ed. Ackermann p. 159 hat noch: venerea, radix nautica (scandix nautica Torin. in margine), sigentiana (sindentiana Tor.), unguentiana. In dem Electuarium de Ambra in gen Recepta Dris Merboti ist Ambra nicht unsere heutige grisea, sondern die von Liquidambar styraciflua L., und der calamus aromaticus unsere Pflanze.

234. Callaceae Bartl.

1. Arum colocasia L.
(Fraas 273. Heldreich 11. Lenz 326 fg. Meyer III, 364

und Erläut. zu Strabo 100 fg. Anguillara 284 und 99 fg. Prosper Alpin. p. 169 fg.)

ματζάνα, μαζιζάνιον (M. Psell. bei Ideler II, 267. 269), ματιτάνιον, ματζιτζάνα, μανζιζάνη, μανζιζάνιον.

Ueber die Stellen bei Salmas. Simon Genuensis u. a. ausführlich nächstens bei Simeon Seth.

Arum italicum L.

(Fraas 273. Diosc. I, 309. Meyer zu Strabo 171. Diefenbach Orig. Europ. 355.)

Drakonthea parva (in der ersten Kyranide).

Arum dracunculus L.

(Fraas 273. Diosc. I, 307. Tschischwitz Nachklänge germ. Myth. bei Shakespeare p. 20.)

ἄρον, ἄρυ, κροκοδίλλιον (corcodrillion, in marg. cardodrillion bei Apulej. ed. Torin.), ἐμίνιον, θηριόφονον, ἄφρισσα, ἀγχομανές, ἀρμιάγριον, ἀρμίατον, σιγιγγιάλιος, καμβήλ, καβήλ? ἀρκολάχανον.

Das letzte Wort hat wohl Bezug auf die Erzählung bei Plin. VIII, 139 (bei Sillig fehlt-im Lex. das Wort arum). Vgl. Lenz Zool. d. Gr. u. Röm. 87. Fraas 274. L. Apulej. de medic. herb. c. 15 in Parabil. Med. ed. Ackermann p. 169 fg. hat noch folgende Synonyme:

pythonion, asclepias; sanchromaton, therion, ˙schoenos (sceon, in marg. scheon. Torin.), dorcadion, typhonion, colubrina.

Bei Hermes Trismeg. ist Marathron als Syn. verschrieben, denn das würde unser Foeniculum bezeichnen, vielleicht ἀρμιάγριον. Marcell. Empir. Draconteae radix 336, B. Isidor 17, 9, 35. Bei Albertus magnus de vegetab. VI, II, 3 sind Draguntea, Serpentaria, Basiliscus (edit. Jammy) oder Basilica (cod. Argent.) Syn. von Arum maculatum. Das von Ruell. II, 97 auf den Balearen erwähnte Arum ist vielleicht der merkwürdige Dracunculus crinitus, der auch von Strabo XVII, 3, 4 erwähnt sein mag.

Simon Genuensis sagt: ara vocatur luf a qbusdā vocatur ypétaria maior vl dracōtea maior.

Wegen der Bemerkung Sprengels zu diesem Cap. des Diosc. lasse ich hier die ganze Stelle aus Anguillara folgen und bemerke nur noch, dass nach früher'er freundlicher Mittheilung des Prof.

Bonitz in Wien jene Stelle aus Crateuas in Cod. Medic. Graec. No. V, fol. IV, b steht.

Draconculo Maggiore et Minore.

Crateua Herbario pone due maniere di Draconculi maggiore e Minore. Il maggiore egli descrive con le sottoscritte parole, le quali furono poi in scrite nel testo di Dioscoride, si come da altri vi sono stati aggiunti i vari nomi de' Semplici. Δρακοντία μεγάλη φύεται ἐν συσκίοις καὶ φραγμοῖς, καυλὸν δὲ ἔχει λεῖον, ὀρθόν, ὡς διπηχυαῖον, καὶ παχύν, ὡς βακτηρίαν, ποικίλον κατὰ τὴν χροάκως (χρόαν, ὡς) ἐοικέναι δράκοντι, καὶ πλεονάζει μὲν ἐν τοῖς διαπορφύροις σπίλοις· φύλλα δὲ ὡς λαπαθοειδῆ, ἀντεμπλεκόμενα. Il resto del testo, che seguita, è di Dioscoride. Del minore poi Crateua dice cosi. Δρακοντία μικρὰ φύλλα ἀνίησι τοῖς τοῦ δρακοντίου ὅμοια ἀσπίλωτα, καυλὸν σπιθαμαῖον ὑπόπυρρον, ἐφ' οὗ ὁ καρπὸς κροκίζων, ῥίζαν λευκὴν πρὸς τὴν τοῦ δρακοντίου, ὕτις (ἥτις) καὶ ἐσθίεται, ἥττον οὖσα δριμεῖα· ταριχεύεται δὲ τὰ φύλλα. Seguitano poi sol quattro righe dei medicamenti, liquali non si ponno intendere intieramente per essere le parole dalla vecchiezza consumate, e mangiate dalle tarme. Vedesi adunque manifestamente, che gli antichi havevano due sorti di Draconculi, distinti fra loro, come appare per le descrittioni sopra dette di Crateua. Sono alcuni, che vogliono, che il capitolo del Draconculo, overo Serpentaria maggiore sia superfluo, e come adulterino il levano via dal testo: ma noi habbiamo contraria opinione: percioche la serpentaria minore, laqual Dioscoride dice haver le foglie dell' Hedera, che viene à essere una sorte di Aro, non ha le foglie simili al Lapato, ne manco il gambo variato di macchie, come vuole Dioscoride simili al Serpente: che piu presto saria il maggiore, quando il minore non si trovasse. Ma che la Serpentaria nostra commune, che ha il gambo cosi macchiato con foglie lunghe, e molte in un connesso, simili a Lapato, sia il vero Draconculo, non è da dubitarne; perche altro Draconculo non è per la Grecia se non questo, e il minore, delquale diremo hora.

Il minore ha le foglie simili à quella pianta, che si chiamo aglio orsino: ma alquanto piu larghette, il fusto alto una spanna rosso di colore, ove porta un fiore rosso, ilqual fiorisce di ottobre, e di novembre simile à quel della Serpentaria, ma minore in ogni cosa ha odore acuto come di pepe. La radice è simile à quella della Serpentaria cosi bianca. Nelle Isole di Schiavonia sene ritrova, e in Corsica circonvicino alla città di Aiazzo: ma i Corsi non vi hanno nome, benche sia loro communissima, e si truovi da per tutto. I Schiavoni in alcuni luochi la chiamano Tuschazminac. Si che queste son le due specie di Serpentaria, che sono descritte dagli antichi. Theofrasto nel lib. 7 ca. 11. si crede, che parli della Serpentaria commune.

5. Pistia stratiotes L.
(Fraas 275. Diosc. I, 593. II, 618. Anguillara 280.)
αἷμα αἰλούρου, τυβούς.

236. Alismaceae Rich.

1. Alisma Plantago L.
(Fraas 270. Diosc. I, 496. II, 566. Ruell. 762, 16 fg.)
δαμαζώνιον, δαμασίνιον, δαμασόνιον, δαμασσόνιον, δαμασώνιον, ἐμλάχ, ἐμλέτζ, ἐμέλζ, μπελιλήτζ, πελιλήτζ, βελιλίζ, βουλιλίτζ, σταυρόριξον, σταυρόριζον, σταυροβότανον, κικόμηλον.· .
Marcell. Empir. 382, H: Damasonii radix, cf. Plin. XXV. sect. 77. Simon Genuensis: Damasomon ste. ē īqt zamarekai. i. fistula pastoris.

239. Najadeae A. Rich.

1. Potamogeton natans L.
(Fraas 271. Diosc. I, 592 fg. II, 618.)
ταυρούκ (Diefenbach Orig. Eur. 428.)

240. Lemnaceae DC.

1. Lemna minor L.
(Fraas 271. Diosc. I, 583.)
ἐπίπτερον, ἱκεοσμίγδονος, φασχομηλιά?
Anguillara 275: Anarina.

243. Juncaceae Bartl.

1. Juncus maritimus L.

(Fraas 294. Forskal p. XVIII Scirpus romanus = κόφο βρουλο. Meyer I, 304. III, 226. 533. 62. Unger Rcise in Griech. 118.)

βούρλον, βούρλλιον, βρουλοκύπερος, βρούλλον. βρύλλον, βρύελλα, ὀξύπτερνον, ὀξύβρουλόν, φουιακάχ, φουκάχ, φουκχά.

Simon Genuensis hat als Syn. mariscō, oxiscenō; die graeca herbaria nannte ihm: iuncum urolā vel brolā, oxurola seu exibrola.

245. Cyperaceae DC.

1. Cyperus L.

(Fraas 295. Heldreich 6. Meyer II, 244. Lenz 270.)

κύπερος, κύπειρος, ζάρναβι (Myreps. u. Actuar. meth. med. 5. 8. Spreng. hist. rei h. I, 217), ζέρνα (hodie σάρια, also Cyperus comosus L.?).

. Cyperon bei Marcell. Empir. 291, D. 294, E. In der nabath. Landw. ist Sad Cyperus rotundus. Bei Edrisi ed. Jaubert 345 ist die Pflanze mit kleinen süssen Knollen, die denen des Soad gleichen auf einer Insel im See Tah'âmadt (?) auch wohl ein Cyperus.

Cyperus esculentus L.

μνάσιον.

Vgl. Koch über die Paradiesfeige p. 7. Prosper Alpin 175. ' Nicol. Damasc. ed. Meyer p. 80.

Cyperus Papyrus L.

(Wüstemann Unterhalt. aus d. alt. Welt p. 19—33. Minutoli Abhandlungen p. 114 fg. Lenz 271. Diosc. I, 112. Meyer Erläut. zu Strabo an mehreren Stellen und Gesch. d. Bot. III, 173. Parlatore sur le papyrus des anciens et sur le papyrus de Sicile Abh. d. Paris. Acad. 1852 Januar; Bolle Grasvegetat. Italiens in Zeitschr. f. allg. Erd. N. F. Band 13, 301. Ruell.-291.)

κάρτον, ξυλόχαρτον, ξυλοχάρτιον, πάπυρος.

246. Gramineáe Juss.

2. Saccharum officinarum L.

(Lassen ind. Alt. I, 269—73. Humboldt Reise in d. aeq.
Gegenden III, 152 fg. Mahn etym. Forsch. auf d. Geb. d. rom.
Spr. 47 fg. de Candolle Géogr. bot. 836. Meyer II, 88. Usener
Alex. Probl. Progr. Berlin 1859 p. 2, 23 fg.)

παλοῦδιν, σάκχαρι, σάγχαρον, ζάχαρι, ζάχαρις (pelasg. ζahar),
κάντεον, καντίον, πανίτ, πενίδιον (Lex. Medic. Hispan. espuma
de Azucar) — ζώκαρος.

3. Sorghum vulgare Pers.

(Meyer Erläut. zu Strabo 49. Lassen ind. Alt. I, 247, 3.
Okens Isis 1818, II, 1355. Beckmann Beitr. z. Gesch. ·d. Erfin-
dungen II, 545. Bot. Zeit. v. Schlechtd. 1866 p. 189.)

κέγχρος ἰνδικός, ταροῦ, τζαβάρ σισχχιντί, ζηζάρ.

5. Panicum miliaceum L.

(Link Urwelt u. Alterth. I, 216. Lenz 232. Fraas 310.
Meyer Erläut. zu Strabo 21 u. 46—52. und dazu Janus Zeitschr.
1853 p. 499; dann Gesch. d. Bot. III, 65. 410. Diefenbach Orig.
Eur. 394. Heldreich 3. Anguillara 98.)

κέγχρος, κέχρι (hodie κεχρί, Forskal p. XVIII = Panicum
crus galli), milium (pelasg. mélj), βορίν, λεόντιον?

Bei Simeon Seth pag. 92 steht πίστος ἤτοι κέγχρος, ebenso
bei Ideler II, 270, 12 πίστος ἢ κέγχρος in dem Anonym. de alim.
d. h. in Michael Psellos, und ebenso schon bei Isidor 17, 3, 13 .
Pistum (fehlt in Forcellini).

11. Cynodon dactylon Pers.

(Fraas 302. Heldreich 4. Forskal p. XIX fügt noch ἀγριάδα
hinzu. Meyer III, 294.)

ἄγρωστις, ἀγρώστη, ἀγρία — ἀνουφί, ἀπαρία, ἀμαζίτις (ης),
αἰγικόν, ἰεβάλ, κοτιάτα (Diefenbach 231)?

13. Oryza sativa L.

(Fraas 312. Heldreich 2. Diosc. I, 239. Lassen ind. Alt.
I, 245. de Lagarde ges. Abh. p. 24. 224. Prosper Alpin. 177.)

ὀρίτζα, ῥίτζι, ῥίζι (hodie ῥύζι, pelasg. ryζ).

Arrian Peripl. 9. 18. 21. 24. Oribas. IV, 571, 17. 25. 569, 19.
636, 17. 635, 9. Simon Genuensis: Oriza gr. granum rizi. Im
griechischen Manuscript des Paulus Aeg. III, 28 emendirte Janus
Cornarius statt des unsinnigen καί είσι ἀμύγδαλά τε sehr gut:
καί ὀρύζαι ἀμυγδαλά τε. •

21. Arundo phragmites L.
(Fraas 300. Heldreich 4. Diosc. I, 111. Meyer Erläut. 36.
Lenz 237.)
κάλαμος, καλάμη, καλαμαία, φραγμίτης, βούλερίς,
καννίον, κονδύλι.

29. Avena L.
(Fraas 303. Heldreich 4. Lenz 243. Diosc. I, 239. 620.
Salmas. 274, A. de Candolle Géogr. bot. 938 fg. Link Urwelt
u. Alterth. I, 214.)
βρῶμι, βρώμη, βρωμάρι, σεφέριον.

29. a. Aegilops L.
(Fraas 304. Diosc. I, 619. Salmas. 274, a.)
αἰγίλωψ, αἰγύλωψ, γίλωψ, σιτόσπιλος, καλοστρούθιον.

41. Bambusa arundinacea L.
(Lassen ind. Alt. I, 273. Meyer Erläut. 68. Gesch. d. Bot.
III, 296. Lenz 246. Fraas 314. Diosc. I, 231. II, 453.)
ταβάρζουδ. ·

42. Triticum vulgare L.
(Fraas 308. Heldreich 4. Lenz 249. Link Urwelt u. Alterth.
I, 208 fg. Beckmann zu Arist. de mir. ausc. p. 167 fg. de Candolle Géogr. bot. 930. Lassen ind. Alt. I, 246. III, 52 fg. Meyer
III, 69. 63. 78. Prosper Alpin. 176. Forskal p. XIX.)
a. Tr. aestivum L.
(Diosc. I, 233. II, 454. Vgl. Voemel ἀκμάζοντος τοῦ σίτου
Progr. Frankf. a. M. 1846. p. 8. Lobeck Proleg. 186. 492 σιτά-
νιος. Bei Du Fresne kommt kein hierauf bezügliches Wort vor.)
b. Tr. hibernum L.
(Vgl. Fraas 230, lin. 10. Salmas. 154, a. 250, a. Meyer I,
346. II, 78. IV, 63. Bradley survey of the ancient husbandry
p. 77. Tozzetti Raggionamenti sull' agricoltura Toscana p. 123.)

σιτάρι, στάρι, στάρη, στάριον, σιτάριον, σιταρόκοκκον, τόμφη, σιλίγνιον, σιλίγνις, σεμίδαλις ΅(Lobeck Proleg. 97. Lassen ind. Alt. I, 247.)

Der Artikel über σιλίγνιον ist einer von den wenigen ausführlichen naturgeschichtlichen in Du Fresne. Oribasius aber wurde übergangen; man vgl. deshalb in dessen neuer franz. Ausg. die ausführlichen Anm. in B. I, 559. 615. 619.

Triticum Spelta L.
(Oken's Isis 1818 B. 2, p. 1350 über Zea und΅Olyra. Link Urwelt u. Alterth. I, 211. Fraas 307. Lenz 257. Diosc. I, 238. II, 456. de Candolle 933. Meyer III, 314, 69. Lassen I, 247. Oribas. ed. Par. 1851, B. I, 567. Salmas. hyl. iatr. 68.)

ὄλυρα (de Lagarde ges. ΅Abh. 59, 17), ζεία, ζέα, σίκαλις, σηκάλη, σπέλτον (cf. Gloss. med. lat. Spelta)΅, κουρπάς, κουρκούτη, ἀσάρα.

Simon Genuensis: olira decocta fit medicam. q. egiptii ateram vocant. Vgl. Janus, Zeitschr. IV, 1, 225 und ausser den von Sprengel angegebenen Stellen noch: Anecd. Bekk. 351 und Lobeck Proleg. 58. Paul. Aeg. 7, 3. ΅Actuar. p. 82 fg.

Triticum monococcum L.
(de΅Candolle 934. Fraas΅307.) . •
τίφη.

Galen de fac. alim. 1, 13. Ruell. 2, 23. Simon Genuensis sagt: Tifa in li de doctrina graeca exponitur q est siligo und: Tife ex q̄ fit in nostro orbe oriza apud graecos est et ysia.

43. Secale cereale L.
(Fraas 306. Heldreich 5. Lenz 259. Bot. Zeit. v. Mohl u. v. Schlecht. 1864 p. 53. de Candolle 836. Link Urwelt u. Alterth. I, 213.)
βρίζα.

44. Lolium temulentum L.
(Fraas 305. Lenz 247. Diosc. I, 241. de Candolle 697. Unger Reise in Griech. 117. Meyer Nicolai Damasceni de plant. p. 101.)
αἶρα, ἔρα, ἦρα (hodie), ἶρα, ζιζάνιον, κουντούρα — κόκκαλιν?

Alex. Aphrod. Probl. .v. Usener Progr. p, 26, 28. Paul.
Aeg. 612, A. Oribas. 19, E. 21, A. 490, A. 592, E. Aët. 41, A.
Evang. Matth. XIII, 25. Auch bei Albert. Magnus de veg. VI,
II, 21, bei Petr. de Crescentiis rural. comm. III, 12, bei Hildeg.
75 ist Zizania diese Pflanze. Simon Genuensis: Araglolium zizania.
Lolium perenne L.
(Diosc. I, 538.)
ἄϑνος, ὁϑάλη, τιμήρ?, τίμωρος, μέλχ, συλέμ.
Ruell. 795 Phoenix ·Romanis lolium murinum dicitur . . . est
herba phoenicea Plinio appellata a graecis, a latinis hordeum mu-
rinum . . . avena sterilis a multis hodie dicitur. „συλέμ farinal olij“,
wie in Du Cange steht, soll heissen farina lolii. Simon Genuensis:
Silemi step. scripsit p xeilem q est lolium. Matth. Silvat. Silem
est herba nascens inter frumentum.

46. Hordeum vulgare L. u. hexastichum L.· ·
(Fraas 305. Lenz 259 — 67. de Candolle 935. Diosc. I, 235.
Heldreich 5. Link Urwelt und Alterth. I, 212.)
κρῖ, κριϑός, κριϑάριον, κριϑάρι, κριϑή,. μεγάλη βοτάνη,
αἰγυπτόσπερμα (Forskal p. XIX),· κριϑαὶ βίβλιαι, κριϑαὶ ἐκ τῆς
Θράκης, εὔστρα, ἀμφικέφαλος, ἡ ὀρεινὴ κριϑή, ντζηαποαήρ
(ὁ κριϑὸς ὁ κεκαυμένος), ζεῦμα (κριϑὴ σεσηπυῖα), ζύϑος. (Diefen-
bach Orig, Eur. 292), ᾿κοῦρμι, γροῦτα.
Seren. Sam. 717. 746. 1056. Isidor 17, 3, 10. Oribas. ed.
Par. B. I, 26. 565. Was ist die der κριϑῆ ἀκρίᾳ ähnliche bei
Pseudo-Plutarch. de fluv.? Ueber βόσμορον vgl. Lassen ind. Alt.
I, 248. Lobeck Proleg. 271. Sim. Genuensis hat: Kritte seu Krithe
gr. ordeum, kirtin ordeaceus.

247. a. Equisetaceae DC.

1. Equisetum L. (vgl. 202, 2.)
(Fraas 314. Lenz 737.)
Κρόνου τροφή, ζάναχ πουλχάτ, σανάχ πουγχαῖ, πολυκόμπη,
γίς, ἵππουρις (Lobeck Proleg. 461) — πολύγονον ϑῆλυ (Equisetum pallidum Bory).
Simon Genuensis: Equiséton Plin. ypuris a grecis dicta . . . .
pulvis terrae . . . alii ephediō alii amabasim vocat. Anguillara 360:

dell' Equiseto, over Coda di Cavallo la prima specie è da volgari chiamata Asprella, e usasi à nettar i piati di stagno. La seconda si chiama in Bolognese Guuoni. ne altro dirò supplendo Dioscoride.

251. Filiceš L.

1. Polypodium vulgare L.

(Fraas 315. Lenz 738.)

Έρμοῦ βαΐν, αἷμα ὄνου?, φιλικλά, ἀνάσφορος, δασύκλωνος, διαπισφάκ.

Apulejus c. 83 habens in foliis singulis binos ordines punctorum aureorum. Libr. Dynamid. ed. Mai pag. 448: Radiolum i. e. Felicina cum punctis aureis. Simon Genuensis: ar. vocatur bisbeigi ab ypomate in libro de regimine acutorum felicinum vocatur.

7. Aspidium L. u. Pteris L.

(Fraas 315. Lenz 739. Günther Ziergew. d. Alten 22.)

πτέρις (Diefenbach Orig. Eur. 403), πτερίνεον, πτέρυγα.

Marcell. Emp. Pteris i. e. Filicula, quae Ratis Galice dicitur, quaeque in fago saepe nascitur pag. 354, D.

8. Asplenium Ceterach L.

(Fraas 316. Diosc. I, 480. Lenz 742. Unger Reise in Griech. 115.)

ἄσπληνον, σπληνίον, κιθοπτέριον, λιθοπτέριον, πτέρυγα, σκολοπένδριον, σκολοπέτρι, σκολοπέτριον, σκολοπέντρι, μιονίδα, μιονῆτις, ἀτούριος, ἀτεύκριον, φριγήτης, φρυγία, φρυγῖτις, φιλτροδότης, αἷμα γαλῆς, σπληνοδάπανον, χρησοφάλανον.

Zu Myreps. 530, D sagt Fuchs in d. Anm.: graece est σπληνοδαπάνου, hoc est herbae lienem absumentis; quare eam intelligit herbam quae alio nomine asplenon dicitur. Paul. Aeg. 640 G: Scolopendrium est asplenon. Simon Genuensis: Asplenon aut scolopendria aut splemō ... arbitratus ... hoc esset quam moderim vocant cetarach et ipsam pro scolopendria accipiebant: vero in libris antiquis et graecis vidi depictam eam secundum formam eius quam linguam cervinam vocant, excepto in uno antiquo libro ubi erat istius ficture quam dia. describit.

Asplenium Trichomanes L.
(Diosc. I, 618. Zeitschr. d. Ges. f. Erdkunde zu Berlin I, H. 3, p. 211.)
ὄπτερον, τριχομανές.
Simon Genuensis: tricomanens.

9. Adiantum capillus Veneris L.
(Fraas 317. Diosc. I, 616. Lenz 743. Günther Ziergewächse d. Alten 21.)

ἐπιέρ, ἄργιον, βενετότριχον, ἐβενότριχον, φιϡορϡεϡελά (Diefenbach 396), τριχοβότανον, ἀδίαντον, καλλίτριχον, ἀνακολή, καπήλου βενέροις.

Ueber ἀδίαντον vgl. Oribas. 578, 4. 562, 14. 564, 10. 19. 580, 8. 544, 1. 568, 2. 611, 5. 556, 7. Pseudo-Oribas. 174, D; Theod. Priscian. 3, B.

Die bei Apulej. c. 48 angegebenen Synonyme fehlen alle in der Collectio Wechelii; aus ihnen hebe ich noch folgende hervor: trichopsyes, selinophyllon, diphyes, Heracleos pogon, scolibrochon, amianthon, herba capillaris, crinita, saxifraga, Punici nessoessesade.

Simon Genuensis: Adiantum sive galitricum vel politricon, capill' veneris .... Cornelius celsus herbam trixam in pleuresi laudat. q puto hanc esse avic. vocat ipsam herbam besegnasen et coriandrus putei ad similitudinem foliorum. Ruell. 848, 29: Polytrichon hodie vocant herbarii salviam transmarinam.

Verbesserungen und Zusätze.

Seite 3 fam. 4 oben ist hinzuzufügen:

4, 11. Lotus ornithopodioides L.

(Fraas 62. Rosenthal Synopsis 994. Diosc. I, 273. II, 466.) κορωνόπους, κορωνοπόδιον, ἄμμονος, ἄστριον, ἀτιρσίπτη, κακιάτρικεμ, στιλάγω, σαγγουιναριαμ.

In der Stelle bei Paul. Aeg. VII. 3 κορωνόποδος ἡ ῥίζα καὶ αὐτὴ πεπίστευται κωλικοῖς ὠφελεῖν ἐσθιομένη ist für κωλικοῖς zu setzen κωλιακοῖς. At hic error, sagt Jan. Cornarius, non librarii est ex similitudine vocum decepti, sed ipsius authoris Pauli: qui quum alaudam colicis opitulari antea scripsisset, mox haec subjunxit.

Seite 4 Zeile 3 u. 4 streiche κυβώριον und κιβώριον (Schneid. zu Nic. fragm. p. 115).

Seite 4 fam. 4 ist ausgelassen:

4, 31 Orobus sessilifolius Sibth.

(Fraas 59. Diosc. I, 551. II, 599.)

ἀστράγαλος.

Die bei Paul. Aeg. V, 2 vorkommenden Formen ἀστραγαλώτη und ἀστραγαλῶτις werden von Janus Cornarius in seinen commentariis medicis verworfen, dafür ἀστραγαλῖτις genommen. Aber ἀστραγαλῶτις kommt auch vor bei Hermes Trismegist., wo die männliche Aristolochia diesen Namen führt.

Seite 4 fam. 4, 32 ist hinzuzufügen:

Janus Cornar. ad Paul. Aeg. I, cap. LXXIX: differunt phaseli a phasiolis. Et phaselum quidem idem esse quod λάθυρον (id est cicercula) Galenus quosdam asserere dicit. At φασίολον vocari etiam δολοχόν et λόβον (id est siliquam) idem lib. I de alim. (nämlich p. 545) testatur. Ochron vero erviliam Latinis dictam esse doctis quibusdam placet. Nobis interim ea quae de his authores tradunt boni consulenda sunt, donec ad certiorem rerum cognitionem perveniamus. Meminit etiam Hippocrates lib. II de diaeta (nämlich p. 477) et Theophrastus in VIII de hist. plant.

9

Seite 5 Zeile 4 füge hinzu: Theophyl. Sim. ed. Boiss. p. 209.

„ 5 „ 12 „ „ Paul. Aeg. p. 24, l. 32. Actuar. Spir. anim. p. 92.

Seite 5 Zeile 5 v. u. füge hinzu: de Candolle Géogr. Bot. 878. Salmas. hom. hyl. iatr. proleg. p. 21. Daremberg zu Oribas. I, 580.

Seite 5 letzte Reihe füge hinzu: Die in den Manuscripten. corrumpirte Stelle in Paul. Aeg. II, cap. LIV καὶ δαμασκηνὰ καὶ μυσκλίου, τοῦτο δέ ἐστιν ἡ μύξη, τὰ ὀστᾶ kann aus Aët. 5, 118 καὶ δαμασκηνῶν δὲ ἢ μυξαρίων τὸ ὀστέον κατεχόμενον ἐν τῷ στό- τατι παραμυθεῖται folgendermassen wiederhergestellt werden: καὶ δαμασκηνῶν καὶ μυσκλίου, τοῦτο δέ ἐστι τῆς μύξης τὰ ὀστᾶ.

Seite 6 Zeile 7 v. o. füge hinzu: Oribas. II, 646. Paul. Aeg. p. 24. Actuar. p. 89. Koch Wochenschrift f. Gärt. Pflanzenkunde 1859. 28. p. 217 fg.

Seite 7 Zeile 17 füge hinzu: Nic. Damasc. ed. Meyer p. 80.

„ 8 „ 9 v. u. füge hinzu: Alex. Trall. III, 8. VIII, 8. Paul. Aeg. p. 24 l. 24. Oribas. I, 64. 175. Ideler II, 274.

Seite 9 Zeile 4 v. o. füge hinzu: Paul. Aeg. 1, 81 p. 24. Actuar. p. 90. Oribas. I, 63. III, 95.

Seite 14 Zeile 8 v. o. füge hinzu: vgl. Nicol. Damasc. p. 78.

„ 15 „ 1 „ „ „ andere Synonyme bei Apu- lej. c. 91.

Seite 15 Zeile 6 v. o. füge hinzu: medianum (Nicol. Damasc. d. Meyer p. 83).

Seite 16 Zeile 13 v. o. füge hinzu: Meyer zu Nic. Damasc. p. XXIII u. 129.

Seite 19 Zeile 7 v. u. füge hinzu: vgl. Meyer zu Nicol. Da- masc. p. 85. 97.

Seite 25 Zeile 6 v. o. füge hinzu: Ueber die Schreibart vgl. Lobeck Phryn. 437 und ausser Plut. conv. 10. Pallad. 4, 9, 16. Isid. 17, 10, 16. noch Marcell. Empir. cap. 30, p. 382. Oribas. I, 263. 304. 184. 44 fg. Paul. Aeg. 1, 80. Actuar. 2, 6.

Seite 25 Zeile 6 v. u. füge hinzu: ψιλωθρον, καρκίνωθρον, κνῆμα.

Seite 26 Zeile 15 v. o. füge hinzu: Aëtius ed. Ven. 1534 p. 10. Paul. Aeg. I, 74. Psell. 2, 39. Oribas. I, 70. II, 642. Ideler II, 275. Ermerins Anecd. med. gr. 269.

Seite 26 Zeile 15 v. u. füge hinzu: vgl. Lobeck Proleg. 288.
Meyer zu Nic. Damasc. 99.

Seite 27 Zeile 6 v. o. füge hinzu: vgl. Grimm Uebers. von
Hipp. III, 616. Paul. Aeg. I, 76. Oribas. I, 83. 263. III, 179.
Ueber die Wörter γογγυλίς, u. Zeile 9 γογγύλη, βουνιάς vgl. Da-
remberg in den Anm. zu Oribas. B. I, p. 584. III, 697.

Seile 27 Zeile 13 füge hinzu: Janus Cornarius in Dolabell.
in Paul. Aeg. cap. XLVI: hoc loco σίνηπι vocem falso legi dudum
in commentariis medicis in Galenum κατὰ τόποις ostendi et pro
ea σάπωνα vocem restituendam esse docui, ex locis Galeni unde Paulus
• haec transscripsit. Animadvertit hoc etiam Guilelmus Copus Basilien-
sis, aut certe rectam lectionem in suo exemplari repertam expressit.

Seite 28 letzte Zeile füge hinzu: Aus den Stellen bei Galen
lib. III κατὰ τόποις: καρδάμου ἱκανόν, καὶ νίτρου βραχύ und bei
Aët. 6, 79: καρδάμου σπέρματος ὅσον ἐξάρκεῖ, καὶ νίτρου βραχύ
folgt, dass bei Paul. Aeg. III, 27 statt καρδάμωμον zu lesen ist:
καρδάμων καὶ νίτρου βραχύ.

Seite 29 Zeile 13 v. o. füge hinzu: In der Stelle bei Paul.
Aeg. V, 28 ἐκ μὲν γὰρ τῆς ὀσμῆς καὶ πικρίας, κώνειον ist das
letzte Wort nicht richtig. Er selbst hat dafür cap. 42 μηκώνειον,
was auch bei Diosc. steht. Deshalb ist also dies, wie schon Jan.
Cornar. wollte, zu setzen oder κώδειον.

Seite 30 Zeile 7 v. u. füge hinzu: κύαμος᾿ αἰγύπτιος, κυβώριον, κιβώριον (Schneid. zu Nic. fragm. p. 115) Prosp. Alpin.
p. 172. Okens Isis 1818 B. 2 p: 1358.

Seite 39 Zeile 10 v. u. füge hinzu: Ueber die Orthographie
von ἄνηϑον vgl. Lobeck Proleg. p. 400. Bekkers Anecdota 403.
Schol. Theocr. VII, 63. Ermerins Hipp. alior. med. reliq. 301.

Seite 41 hinter Zeile 6 von oben füge hinzu:
129, 38. Laserpitium Siler L. —?
• (Fraas 145. Diosc. I, 400. II, 519! Meyer II, 246: „wir
wissen nicht, was es ist.")
λιγυστικόν.

Vgl. den Byzantiner zu Oribasius 558, 15. 25. 29; 559, 19.

Seite 41 Zeile 15 u. 17 v. o. füge hinzu: Vgl. Paul. Aeg.
I, 76. Ideler II, 277, 5. Ermerins Hipp. alior. med. gr. reliq.

9*

301. 344. Grimm zur Uebers. v. Hipp. II, 522. IV, 562. In seinen Bemerkungen zu Oribas. I, 87 übersah Daremberg die Anm. 18 in Lobeck's Technol. 298; die Accentuirung von καρώ könnte vielleicht Bestätigung finden durch καρκώ Hesych. und andere bei Lobeck ibid. p. 320 fg. aufgeführte.

Seite 41 Zeile 13 von unten: τορδύλιον hat wie Dioscorides in der angeführten Stelle auch Paul. Aeg. III, 25; dagegen VII, 3 γοργύλιον, das aber deshalb nicht zu verändern ist, weil es unter Γ angeführt steht.

Seite 42 Zeile 16 v. o. Die Bemerkung von Meyer III, 363 ergänzt und vervollständigt jene von Lobeck Proleg. 178. 179. 181 Path. I, 387. Ausserdem vgl. man noch Schol. Aristoph. Equit. κορίαννα, εἶδος βοτάνης, τὸ νῦν κολίανδρον. Orib. II, 651. Paul. Aeg. 7, 3. Schol. Nicand. Alex. 157. Aemil. Mac. 20, 2. Myreps. 8, 20.

Seite 50 hinter Zeile 10 v. o. füge hinzu:
Solanum melongena L.?
(Fraas 166 Anm. 312. Heldreich 36. Lenz 541.)
μελιτζάνα, μελτζάνα (pelasg. mélindζane).

Bei Myreps. ed. Steph. 454 H steht: melitzani sylvestris seminis drachm. und in der Anmerkung fügt Fuchs hinzu: Nicolaus habet ἀγριομελιτζάνου. quid autem melitzanon illi significet, scire nequeo. Dann hat Myreps. 532 B: seminis sylvestris melitzanii unciam und dazu wiederum Fuchs: Nicolaus habet μελιτζανίου. quid vero illi sit melitzanium, scire certo non possum. Intelligit forte melanthium sylvestre, qnod aliquibus pseudomelanthium vocatur et lolium; quamquam falso, ut secundo nostrorum de stirpium historia com. tomo, monstravimus. Das von Fraas erwähnte ἀγριομελιτζανον im Schol. zu Theocrit. heisst in der Ansgabe von Didot p. 72 A 42 ἀγριομελιντζάνα und 46 ἀγρίαν μαζιζώνην (cf. 234, 1).
Solanum lycopersicum L.?
(Fraas 165 Anm. 168.)
λυκοπέρσιον (Gal. de fac. simpl. 4), λυκοπερσικόν, τωμάδα (hodie).

Seite 52 Zeile 8 v. u. füge hinzu: über κασύτας, κουσοῦℑε vgl. Salmas. 910. Jul. Scaliger de plant. 124, 1, A. Meyer zu Nicol. Damascenus p. 120.

Seite 58 Zeile 4 v. u. füge hinzu:
Marrubium creticum L.
φαράσιον, σάρομα, κάνδηλι (hodie).
Seite 64 Zeile 3 v. u. füge hinzu: στίραξ, στουράκιον.
Seite 72 Zeile 8 v. u. füge hinzu: In Alex. Aphrodisiensis
probl. p. 3 lin. 2 u. fg. von Usener Progr. Berlin Joachimsth.
Gymn. 1859 werden folgende Arten von ἀψίνθιον (codex Oxo-
niensis 233 hat ἀψίθιον) erwähnt: τὸ Ποντικόν, τὸ Αἰγύπτιον, τὸ
δὲ πάντων ἄριστον τὸ νησιωτικὸν καὶ τῶν παραθαλαττίων ὁρῶν καὶ
τόπων, καὶ τὸ Ὑμήττιον.
Theophylacti Simocattae Quaest. phys. et epist. ed. J. Fr.
Boissonade Par. 1835 p. 26 und in den notae in Dialogum p. 213:
„quemadmodum Ponticum mel amarum est, absinthii causa, quod
in Ponto crebrum est. Quod de Sardo idem tradit Isidorus lib. 20,
cap. 11: Sardum amarum est absinthii causa, cujus copia ejus
regionis apes nutriuntur." Kimedoncius. Notante Bernardo ad
Nonn. t. I, p. 230, Theophrasto contradicit Lactantius Statii inter-
pres, qui poetae verbis „olentis arator Hymetti", Th. 12, 622, ad-
scripsit: „creatoris mellis bene olentis". Sed plus intellexit glossa-
tor quam dixit Statius, qui montem floribus olentibus et fragran-
tibus halantem significare satis habuit.

Plinius XXI, §. 171 sagt über Lychnis: radicem ejus Asiani
boliten (d. voliten, V. boliter, R.) vocant. Da ich die Plantae
cellulares in diesem Buche nicht berücksichtigt habe, nur die betreffenden Namen im Index anführte, will ich hier zu Plin. XXII,
§. 92 über boletus eine Stelle aus Janus Cornarius anführen, die
die von Sillig gegebenen Lesarten vervollständigt. Janus Cornarius Dolabellarum in Paulum Aeginetam, lib. I in LXXVII sagt:
Boleti quos βολῖται Graeci vocant, nomen Latinum apud nos ser-
vant, contractum tamen, et ex trisyllabo fere monosyllabum factum.
boltz enim aut boltze appellantur. De his Plinius ait, in opimis
quidem est in cibus: ita enim legi debet ex fide manuscripti
vetustissimi apud me codicis: et non, Optimus quidem est is cibus.
Quomodo enim optimum cibum diceret, cujus discrimen, periculum
ac venenum ipse subjungit.

Verzeichniss der lateinischen Namen.

(Die Zahlen geben stets die Seite an.)

Wörterverzeichniss.

(Dasselbe ist nach dem griechischen Alphabet angelegt. Die Zahlen geben die Pflanzenfamilien und Arten an. Steht ein S. mit der Seitenzahl, so kommt das Wort in den Zusätzen vor.)

ἀαλία 174,21
ἀβάρονος 174,16
ἀβαρύ 151,8
ἀβιβαβοῦ 229,3
ἄβιες 204
ἀβίωτος 129,46
ἄβλαροι
ἀβλιβαροῦ 229,3
ἀβρί
ἀγαρικός
ἀγγιλόνας
ἀγγιναριά
ἀγγοπτάν 10,6
ἀγγουρίδα 41,1
ἀγγούριον 100,2
ἀγγουρουμπάν
ἁγιάζουσα 204
ἁγιόκλημα 134,1
ἀγκινάρα 174,27
ἀγκιναρία „
ἀγκούρ 41,1
ἀγκουρίδα „
ἀγκούριον 100,1
ἀγκυνάραις 174,27
ἀγκυνάρια „
ἄγκυνος

ἄγκυρ 233,1
ἀγλαόφωτις 119,2
ἄγλις 229,7
ἀγνάχορος 174,30
ἀγνόκοκα 152,7
ἀγνός 152,7 191,1
ἄγνως 152,7
ἄγος Aeg. 174,38
ἀγουρίς 41,1
ἀγουρούπες Lemn.
ἀγουσᾶτα Cret. 10,5
ἀγραύλη 78,1
ἀγρέκαβος 41,1
ἀγρέλλιον 131,3
ἄγρελος „
ἀγρία 118,4 246,11 198,2
ἀγρία θρίδαξ 174,49
„ μαζιζώνη 144,1 (S. 133)
„ μαρούβιν 174,16
„ μηλεά 10,3
„ παπαρίνα 118,4
„ σκύλλα 229,8
ἄγρια σῦκα 192,2
ἀγριαγκουρέα 100,5
ἀγριάγκουρον „
ἀγριάδα 246,11

10

10*

aratillus 229,7
ἀρατριφάγια 152,7
ἀράφαξις 83,8
ἄραφος 129,31
ἀράχ 127,1
arachi 195,1
ἀραχοῦ Aeg. 129,31
ἀργέλλιον 230,14
ἀργεμώνη 118,5
ἄργιον 251,9
ἄργυρος 29,7
ἀρδάκτυλα 174,35, a
ἀριά 10,8
ἀριγάνη 151,8
ἀρίγανονς „
ἀρίδαν 142,11
arilli
ἀριλορον
ἄριον 222,1
aristereon 152,1
aristologia 210,1
aristolocie „
ἀριστολοχία „
ἀρίτριλις 29,7
ἀρίτριλλις „
ἀρκάρ 161,9
ἄρκειον 174,31
ἀρκευθίς 203,1
ἄρκευθος „
ἀρκόβατος 227,7
ἀρκολάχανον 234,1
ἀρκοπόδιον
ἀρκοσφόνδηλον 129,33
ἀρκοσφόνδυλον „
ἀρκουθόβατος 227,7
ἀρκόφθαλμος 125,3

ἀρκόφυλλον 174,2
ἀρκόφυτον „
ἄρκτιον 159,1
ἀρμάλ 109,14
ἄρμαλα Syris 16,2 229,7
harmel Arab. ..
ἀρμάλι 109,14
ἄρμαλον 229,7
ἄρμεν 118,13
ἀρμένια 6,3
ἀρμενιακά „
ἄρμη 109,12
ἀρμιάγριον 234,1
ἀρμίατον „
ἀρμοδάκτυλα 3, a
armoniaca 6,3
ἀρμπέτα 142,5
arnoglossa 181,1
ἀρνόγλωσσον „
arnoglossos „
ἀρνόκουκα 152,7
ἀρνοπέτα 142,5
ἄρον 234,1
ἀρονία 10,3
ἄρουκα 109,14
ἀρούσιον Proph. 109,32
ἀρσελά 118,5
ἀρσένκανθον 151,3
ἀρσενότη 41,1
ἀρτανήθε 161,9
ἀρτεμεδήιον 17,1
ἀρτεμόνη 118,5
ἀρτζύνη 204
ἀρτίκα 129,34
ἀρτιμόριον 174,19
ἀρτρίνα

άρυ 234,1
arystercon 152,1
ἀρχαρᾶς 4,22
ἀρχέζωστρις 100,3
ἀρχεράς 4,22
ἀρχιβέλλιον 142,5
ἀρχίζωστις 100,3
ἄρχρα 161,9
ἀρωματικόν κάρυον 123,1
ἀρωνία 10,3
ἀσά 174,2
ἀσαλοηρί 83,8
ἄσαρ 177,1
ἀσαριφή Aeg. 83,8
ἄσαρον 210,2
ἀσάρρα 189,2
ἀσεαλουρί Aeg. 83,8
ἀσέρα 229,13
aserum 210,2
ἀσίλακας 10,8
ἀσίρτη φέρα 174,21
ἄσκαλα Longobard. 174,49
ἀσκαουκαού Afris 129,32
ἀσκέλλα 174,49
ἀσκίς 228,2
ἀσκλήδα
asclepias 234,1
Ἀσκληπίου διάδημα Proph. 29,1
Asclepios alcea 152,1
ἀσκόλυμβρος Cret. 174,27
ἀσόνꝩ 181,1
ἀσοντιρί Aeg. 83,8
ἀσουμές Afris 29,7
ἀσουρίκ Afris 109,14
ἀσουρίμ   „
ἀσπάϊος 181,1

ἀσπάλαꝩος 4,3
ἀσπάλανꝩος „
ἀσπάλατρος „
ἄσπαντος 181,1
ἀσπάραγος 227,3
aspergula 136,4
ἀσπίδιον 109,16
ἀσπίꝩιον ¯174,16
ἄσπληνον 251,8
ἄσπληνος 127,1
ἄσπρα λάχανα   ⟍
ἄσπρια   ⟍
ἀσπρίς 198,2
ἀσπρολίχανα
ἀσπρομολόχη 48,2
asseras 229,13
ἀσσυρία 191,2
ἀσταπίς 41,1
ἀσταχύς
astericon 174,4
ἀστέριον   „ 129,33 191,3
ἀστερίσκος 174,4
ἀστερίων   „
ἀστερόπη Aeg. 151,23
ἀστήρ 174,4
     „ χιλλός Afris 70,1
ἀστηρτιφή Afris 174,21
ἀστράγαλος 4,31 (S. 129)
ἀστραγαλῖτις   „
ἀστραγαλώτη   „
ἀστραγαλῶτις   „
ἀστριμουνῖμ Afris 144,1
ἄστριον 4,11 (S. 129)
ἀσύντροφος 9,2
ἀσφάλτιον 4,12, c
ἄσφαλτον 189,2

άσφένδαμνος 36,1
άσφη 83,8
άσφόδελος 229,8
άσφοδήλη 229,13
άσφόδριον „
άσφός Aeg. 151,24
άσφώ Osthan. 161,6
άταδήμ 26,1
άτδίμ „
άτέρα
utera 246,42
άτεύκριον 151,29 251,8
άτζαροΰτι 185, a
άτζέμηρον 129,6
άτζικνίδα 191,1
άτηξ 174,27
άτιειρκόν Afris 181,1
άτιροσίττη Afris 4,11 (S. 129)
άτιρτόπυρις Afris 78,1
άτόκιον 76,5
άτομον 144,9
άτος 129,13, a
άτούριος 251,8
άτρακτυλλίς 174,35, a
άτράφαξις 83,8
άτριβόλο 70,2
άτριπλεκέμ 83,8
αΰγινον 144,9
αΰγιον 151,9
αύγούιον 109,32
αύγούστεα 92,1
αΰκον 4,29
αύμα 189,2
αύρα κροκοδείλου Osthan. 229,3
αΰσητζα 26,1
αύτίδιον 142,1

αύτογενές 29,1 221,4 100,2
αύτουέντριν βέσωρ Aeg. 142,5
άφάκη 174,48
άφανα
άφαλοφροντίδαν 119,2
άφεδρος Proph. 151,23 174,35, a
άρϿαστον
άφϿαστος
άφιον 110,1
άφλέτζιν 29,14
άφλοφί Aeg. 29,7
άφλοφό Aeg. „
άφραστον
άφρισσα 234,1
aphrodilos 229,13
άφροδισιάς 233,1
Αφροδίτης λοΰτρον 178,1
  „   στέφανος 151,3
άφροξυληά 133,2
άφρων 129,46
άφυσα 129,37
άφώ Aeg. 151,29
άχλάδα Cret. 10,5
άχαμενίς 151,29
achelusia 29,5
άχέτλωσις 100,3
άχηνιός 198,5
άχιλλεύς 70,1
άχιναΐος 198,5
άχινόποδα Lemn. 70,2
άχνην πυρός 184,1
άχοιοσίμ Afris 129,14, a
άχουσα 142,5
άχράς 10,5
άψαφέρ Aeg. 129,33
άψευδής 129,46

άψιδηά 174,16
άψιθέα „
άψίθιον S. 133
άψινθιόμηνον 174,16
άψίνθιον Dacis „ u. S. 133
„ χωρικόν 210,1
άψιφηά 174,16
βααντέμιστον 4,8
βαβάθη 129,46
βαβάθυ Osthan. „
βάβηχος 48,5
βαβιβυροῦ Aeg. 129,39
βαβούλια 4,27
βαβρύλλη 118,4
βαγία 230,22
bâdarug' 151,2
baditis 115,2
βαηά 230,22
βαῖα „
βαῖν Ἑρμοῦ Proph. 251,1
βαῖς Hebr. 230,22
βάκανον 109,12
βάκας 187,1
βάκκαρ Gall. 210,2
βάκκαρις 174,15
βάκος 229,10
bacchiqn 174,31
βαλάβαθρον 187,2
βαλαγνίδα 198,2
βαλανίδιν 63,1
βαλαούστια „
βαλαύστια „
balastion 70,1
βαλίς 100,5
βαλλάνιον 76,5
βαλλάριον „

βαλλαρίς
βαλλίς 100,5
βαλσαβίτα 151,3
βαλσαμένη 174,20
βάλσαμον 13,1
βαλσάμου καρπός „
βαλωτή 151,13,24
βαμβάκιον 48,5
βαμπάκιον „
βαμπάτζι „
βαρβύλη 118,4
βάργαθα 161,9
βαρίαδον 218,2
βαριάδων „
βάρκα οὔλγους 229,13
βαρσαμέλαιον 13,1
βάρσαμον „
βάρυθον 203,1
βάρυτον „
basál 229,7
βασιάδα 141,1
βασιαδός „
basilica 234,1
βασιλικόν 151,2 219,7
„ περσεφόνιον Proph. 110,1
basiliscus 234,1
βάτζινα 118,7
βατζινόμουρα „
βάτινον 9,2
βάτος ἰδαῖα
βατραχοβότανον 118,7
βατταρίτης
bachenia 151,25, a
βδέλλιον 230,1
βδελυρά 184,1
βεβεασάρ

βεβράκ
bedegar 9,8
bederabina 151,2
βεδερούζ „
βεδιρούζ „
βεδιέζ 186,3
βέδον 151, 5
bedouar 218,3
bezalim Hebr. 229,7
behen 3,a. 222,3
behemiir „
beladhar 11,1
belador „
beladur „
βελάνι 198,2
βελέδωρ 11,1
beletzica 29,14
βελιλέγ „
βελιλίζ 236,1
beliludus „
βέλιον 151,29
βελιουκάνδας 70,1
bellicorandium „
bellirici 29,14
bellitica „
βελοτόκος 17,1
βελούακος „
βελφηνικήα 2,4
benedicta 174,28
βενετότριχον 251,9
βενϿισίτης Cypr. 174,49
βεντονίκη 151,25, a
βενύζ 129,34
βερβελίκη 178,4
βερβέρης 10,1
βέρβερις „

βερέκοκκον 6,3
βεριάδα 109,37, a
βερικοκκία 6,3
βερίκουκα „
βερίκωκον „
βερονίκη 203,2
βερνίκη „
βερύκοκκον 6,3
besegnasen 251,9
βέσπουλα 10,3
βέστρον 151,25, a 141,2
βέσωρ 142,5
βέτα 83,4
beta pratensis 180,1
„ sylvestris „
βέτεκα 180,1 142,2
betilole Gallis 174,31
βέτιον 17,1
βετονίκη 151,25, a
βετώνικα 152,1
βήκιον Aeg. 151,5
βήρασα 16,2
βήρασσα „
βησαοιδή Aeg. 4,12, c
βήσασα Aeg. 16,2
βηχανία 174,2
βηχίον „
βιδεουάρα 218,3
bica 139,1
βιχία 4,27
βίχιον „
βίχος „
βιλινουντία Gall. 144,9
βιλσέν
βιντιτοξική 140,1
βιόλα 92,1

δαφνοινῆς Aeg. 174,15, a
δαφνόκοκκα 227,6
δάφνος 187,1
δαφνοποῦλα 227,6
δαφουφέρ 207,1
δέδ
δέδωρον 109,10
δείνοσμος 174,7
δέκατον 133,2
Demetria 152,1
δεναῖδα 151,9
δενδρόκολλα 1,2
δενδρολίβανον 151,6
δενδρόλιμνον „
δενδρομελόχας 48,3
δενδρομολόχα „
δένδρον τοῦ Ἀβραάμ
„ περσικόν
δενδρόροδον 139,3
δένιξ
dentaria 144,9
δέντρον
δεντρούτζικον
derdum Pun. 174,4
δεσδουξέ 139,3
διακύτριον
διάλιον 142,13
διάξυλον Syris 4,3
διαπισφάκ 251,1
diaula 151,3
διέλεια Dacis 144,9
diesathe „ 159,1
διϑιάμβριον 144,9
διϑυράμβιον „
δίκραιον 144,2
δίκριον „

δίκταμον 17,1
δίμορον Osthan. 151,3
διονυσία 41,1
διονύσιον 127,1
Διὸς βοτάνη
„ ἠλακάτη 151,2, a
„ ὀφρύς 174,20
„ πώγων 174,5
diosatis 152,1
dioscyamos 144,9
διόσπορον
diptamus 17,1
διφρυγές
diphyes 251,9
dichromon 152,1
δόδορος 109,10
δολιά 129,46
δολοχός 4,32 (S. 129)
doxus 25,1
δορκαδιάς 29,14
δορύκνιον 144,2 174,19
δορύχνιον „
δορύκυτον 179,1
δορυσάστρου 129,39
δουβάϑ Afris 174,5
δούβεϊ
δουκουνέ Gallis 133,2
duracina 6,2
δοχελᾶ Dacis 151,28
draganti 174,16
dragontea „
draguntea 234,1
δράκανος 136,4 .
draconthea parva 234,1
δρακονταία „
dracontea 174,16 218,5

11

ἐρούμ 82,1
ἐρυϑρά 151,13
erythraicon 219,7
ἐρυϑρίδη 136,4
ἐρυϑρόδανον 136,4
erythron 219,7
ἔρυμον 83,8
ἐρυσίσκηπτρον Proph. 152,1
ἔσκε Aeg. 151,24
ἐσχασμένη 4,25
ἐτέα 195,1
ἐτιεικελτά Aeg. 73,1
ἐτυμόδρυν 198,2
εὔβουλος 133,2
εὔζωμον 109,14
εὐπατώριον 9,7
εὐρεχνεύμονος 181,1
εὐσίνη 191,2
εὔστρα 246,46
εὔτηβον 174,38
εὐφόρβιον 29,1
εὐφρόσυνον 142,5
ἐφεσία 174,16
ἐφήρ Aeg. 174,32
ἐφϑοσέφιν „
ἐφϑόσεχιν „
ἐφήμερον 228,1
ἐφιαλτεία 119,2
ἐφιάλτιον 229,19
ἐφόλβιον 29,1
ἔφυδρος 202,1
ἐχεώνυμον 151,2, a
ἐχινόπους 70,2
ἐχίειον 142,5
ἐχῖνος 170,1
ἔχιον 142,5 11

ἐχοῦ φαρικοῦ
ζάβακον
ζαβακουλήα
ζαδοάρ 218,3
ζαδουάρα Nicomed. 202,1
ζαζιανάτ
ζαϑήσιεν Proph. 174,16
ζάκλια 189,2
ζακοῦν Syr.
ζάμβαχ 132,1
ζαμβαχέλαιον „
ζάμμακος „
ζάναχ πουλχάτ 247, a, 1
ζανζαπήα 218,4
ζανζαφήλ „
ζανζίβερ „
ζαραβανιτζίνη 189,3
ζαρζαλοῦ 6,3
ζαριϑέα 189,2
ζαρχετίδες 100,2
ζάρναβι 245,1
ζαρόρ Arab. 63,1 10,3
ζαρούριον 10,3
zarurum „
ζαρταλοῦ 6,3
ζατατζάου 110,3
zaurur 10,3
ζαφαράς 174,35, a
zaforá 222,2
ζαφορά 174.35, a
ζαφρᾶς 222,2 174,35, a
ζαχαράζ 26,1
ζάχαρι 246,2
ζάχαρις „
ζέα 246,42
ζεία „

11*

ζελλία 229,19
zenae folium 2,5
ζεντζιάνε 141,1
ζεντιπήα 218,4
ζεντογάλε 151,5
ζεραφοῖς Afris 43,1
ζέρνα 245,1
ζεῦγμα 204
ζεῦμα 246,46
ζευσήρ 129,34
ζευσίρ „
ζεφέλουρον 179,1
ζεφέλωρον „
ζηγῆς ἀγρία 151,9
ζήζανα
ζηζάρ 246,3
ζήκινον 198,2
ζηλαία 229,19
ζηλέα „
ζηλίαυρος 161,2
ζήλιος 229,3
ζηλωτικόν
zenis Aeg. 142,2
ζηντζάνα
ζηρωμπᾶ 218,3
ζιγάρ Afris 129,13, a
ζιγγιπήα 218,4
ζίζανα
zizania 246,44
ζιζάνιον „
ζιζιβέρη 218,4
ζίζιφα 26,2
ζιζυφαία „
ζίνζανα
ζινόφυλλον 2,5
ζιντζίφιον 26,2

ζίρζαρα
ζίτζη 161,2
ζίτζινφα 26,2
ζμίλαξ 227,7
zmilax „
ζμύρνη 218,4
ζόγχος 174,46
zoi 181,1
ζουδάρα 218,3
ζουλάπιον
ζουντονπᾶς 218,3
ζουρινοίπετ Afris 203,1
zuoste Dacis 174,16
zouste „
ζουρουμπέδ 218,3
ζουρουνίζη „
ζοῦφα 151,8
ζοχή 174,46
ζοχία „
zocho „
ζόχος „
zuffe Arab. 151,8
ζυγέλαιον
zygiberis 218,4
ζυγίς 151,9
zyred Dacis 174,16
ζωβότανον 118,10
ζωγόρητος 13,1
ζωγόριτος „
ζωδονάρα 202,1
ζώκαρος 246,2
ζωμαρίττον Proph. 118,10
ζωόνυχον 142,9 174,15, a
Ζωροάστρου διάδημα 48,1
ζωρτενίκια 174,49
ζωχίν 174,46

ζωχινόν 174,46
ζωχός „
ἠδεμία Proph. 174,7
ἠδύοσμος 151,3
ἠδύραβδον 187,2
ἠδύσαρον
ἤϿουσα 129,46
ἠκίγονος ἴσεως Proph. 151,8
ἠλακάτη Διός 152,1
ἠλιοτρόπη 142,13
ἠλιοτρόπιον „
ἠλιόχορτα „
ἠλιόχρυσον 174,15
ἠλυστέφανος 83,8
ἡμέρα γλῶσσα 151,5
ἡμερίς 41,1 198,2
ἡμεροκαλλίς 229,3
ἡμεροκατάλαχτον „
ἡμίονοι Proph. 144,4
ἥμυόεν 161,2
ἤνέμιον 118,4
ἤρα 246,44
Ἡράκλειον 151,8
Ἡρακλέους ἄλφιτον 109,29
Heracleos pogon 251,9
ἡρακλεῶτις 198,3
Ἥρας δάκρυον Proph. 152,1
ἤρης 222,3
ἤριγγι 177,1
ἠριγένιον 152,1
ἠριγέρων 174,22
ἤρυγγος 129,1 151,18
ἠχομένιον
Ϟαλασσόκραμβον 109,35
Ϟασία
Ϟαύμαστος 222,3

Ϟαψία 129,38, a
Ϟάψος „ 136,4
Ϟεία ρίζα 151,25, a
Ϟελπίδη 222,3
Ϟεμψώ 129,13, a
Ϟέξιμος 210,1
Ϟεοβρότιον 73,1
Ϟεόνισον Proph. 174,16
Ϟεοπνοή 151,6
Ϟεόπορον 174,16
Ϟέρμια
Ϟερμός 4,33
Ϟερμοῦτιν 151,9
Ϟέσαν Osthan. 210,2
Ϟέσκε Aeg. 161,9
Ϟεφίν Aeg. 189,2
Ϟεψώ 129,13, a
Ϟηλυτερίς 129,38, a
ϞηλυφϿόριον 174,16
Ϟηλυφόνον 174,23, a
Ϟήμβρα
Ϟημιλαια 184,1
therion 234,1
Ϟεριόφονον Osthan. 234,1
Ϟηροφόνον 174,23, a
Ϟησαρικά Hispan. 181,1
Ϟίσε 229,3
Ϟλασσίδιον 109,29
thornaschûl 142,13
Ϟορύβητρον 110,6
Ϟορφάτ Afris 129,8 109,34
Ϟορφάτσάδι Afris „
Ϟούριτος 229,13
Ϟραμβές 151,8
Ϟραπί
Ϟρία 192,2

Ꝟρίβαν
Ꝟριδακίναι 174,49
Ꝟριδακίς „
Ꝟριδακύνα „
Ꝟρίδαξ ἀγρία „
Ꝟριμβόξυλον 151,10
Ꝟρίμβος „
Ꝟροία 192,2
Ꝟροῦμπι 151,10
Ꝟρυαλλίς 125,2 161,3 159,1
Ꝟρυάς „
Ꝟρύμβη 151,10 100,2
Ꝟρύμπος „
Ꝟρύον
Ꝟρύσιος
Ꝟυλακίτης 177,1
Ꝟυμαρνόλιον Proph. 129,31
Ꝟύμβρα
Ꝟυμελαία 184,1
Ꝟύμος
Ꝟυρσίνη Cypriis 158,1
Ꝟύρσιον 151,10 239,1
Ꝟυρσίτης 151,9
Ꝟῶν 110,3
ἰασμέλαιον 132,1
ἰάσμη Pers. „
ἰάσμινον „
ἰβηρίς
ἰδιόρυτον 174,15, a
ἰδίχυρ
ἰδίχχιρ
ἰδρύς 198,2
ἰεβάλ Afris 246,11
ἰέλεον 115,2
ἰερὰ βοτάνη 144,9 152,1 151 4,25,a
ἰεράκιον 174,41

ἰερακοπόδιον 76,5
ἰεράνϽεμις 174,35, a
ἰεροβοτάνη 152,1
ἰεροβρύγκας Proph. 44,1
ἰερόμυρτος 227,6
ἰερὸς καυλός 83,8
ἰέσκε Afris 44,1
hieffaldra 10,1
hiephalter „
ἰϽυτήριον 127,1
ἰκεοσμίγδονος 240,1
ἰλεκρέβα 78,1
ἰμπεχεμπεοῦ 9,5
Impocacla 78,1
ἰνβολόκρουμ 145,1
ἰνβολούκρουμ „
inguinalis 174,4
ἰνουλα 174,11
ἰνροσασία 78,1
insana 144,9
ἰντέμ. 9,5
ἰξία 174,32
ἰξίνη „
ἰξός 130,1
Ἰόβις βάρβα 174,5
iobousos Aeg. 174,49
ἰοντῖτις 210,1
ἰούβαρος Gallis 180,1
ἰουνίπερουμ 203,1
ἰουπεκέλλουσον Gallis „
ἰππάρισον 152,1
ἰππεχεμπεουμπεῖ 151,25, a
ἰππιον 29,1 175,1
ἰππόγλωσσον 227,6
ἰππολειχήν 129,38
ἰππομάραϽρον 129,28

ἱπποσέλινον 129,38
ἵππουρις 247, a, 1
ἱπποφαές 29,1
ἱρα 246,44
ἱρανή
ἱρήγερον 174,22
ἱρηγέρων „
ἱρίγκιον
ἱρικήνη 204, c, 3
ἶρις ἀγρία 222,3
ἰσαία Aeg. 118,10
ἴσατις 109,32
ἰσοκάρδιον 11,1
ἰσχάρια 229,7
ἰσχάς 129,8 192,2
ἰσχιάς 174,35
ἰσχύς 174,7
ἰτέα 195,1
ἴφια 151,1
ἴφυον „
hiffa 10,1
καβαλλάτιον 142,2
καβήλ 234,1
καϑαίρων 222,3
κάϑαρσις 76,3
καιναιμμέκ 109,3
καίραμα
κακαβία 196,2
κακάβιον 144,2
κάκαβος Afris „
κάκαμπρι
κακιάτρικεμ 4,11 (S. 129)
κακκουμπεάν
κακός 222,3
κακούβαι 229,7
κακουλάν 218,2

κάκουλε 218,2
κακοῦλλιν „
cacreos „
καλακάνϑη
καλακάσσιον 229,7
καλαμαία 246,21.
καλαμάνϑη
καλαμήτου
καλαμίνϑη
καλάμιον
καλαμόκρινον 222,1 3
κάλαμος ἀρωματικός
καλαστροῦϑιν 76,3
καλικερέα 4,8
καλικερής „
καλίκερις „
calicularis 144,9
καλκοκρί 111,2
καλλαῖς 144,2
callesis 152,1
καλλιάς 144,2
καλλιγαρία 4,8
καλλικρέα „
καλλιπέταλον 9,5
καλλίτριχον 251,9
calocatanos 110,1
καλοκυμιναία 129,37
καλοστροῦϑιον 76,3
καλουέν
κάλπασος
κάλυξ καρδιακός Proph. 174,35, a
καλχάνα
κάλχη 174,24
κάμαγζε 123,1
κάμαρος 118,13
καμβήλ 142,13 234

κάμβοι 58,1
καμβύλ 142,13
- camelicon 152,1
καμεφητούς 151,28
καμήλ 142,13
camila 151,10
καμίλαιμα
κάμμορον 174,23, a
κάμπαις
καμπελή
κμπιούζα 174,2 178,4
κάμπρι
καμφάνεμα 151,6
καμφούτ
κάμων 146,1
καναανζήρ 151,3
canava 191,3
κανάβη
καναβηναία
κάναβις 191,3
καναβόκοκκον „
καναβούρι
καναρία 15,1 70,2
κάνδηλι 151,23 (S. 133)
κανεβάτζα
κανέλα 187,2
κανέλλα „
κανϑαρίς 4,12, c
κανισκούτ
κανναβουρόσπερμα 191,3
καννίον 246,21
κανοκερσαία
κανσαλίδες 221,4
κάντεον 246,2
καντίον „
κάνχριον 218,2

κάνωπον 133,2
capetti nigri 219,10, a
καπήλου 251,9
καπηνίτζ 129,34
καπινήτζ „
κάπνιον 111,2 110,3
καπνός τῆς γῆς 111,2
καππακοράνια 174,20
καππαρόριζον 108,1
karabe 1,2 204, c, 3
καραβουρέα
καραγωγός 227,6
κάραμε 204, c, 3
karaf 191,3
carbatum 118,10
karbet „ 204. c, 3
karbech „
cardamantice 109,37, a
κάρδαμε 204, c, 3
καρδαμινακά 109,37, a
καρδαμίνη „
καρδαμίτζη 4,9
κάρδαμον 109,37, a u. S. 131
cardamomum 218,2 „
cardamum 109,3
καρδέλι
καρδία λύκου 108,1
καρδιοβότανον
κάρδιον τὸ μέγιστον 11,1
κάρδον 76,3
κάρδος 174,27
κάρδους νίγρα 174,35, a
κάρδος ουαρίνους 174,32
καρέα 198,3
καρεόφαλον 58,2
καρεοφλιά „

μαβρονία Lesb. Phryg.
μαγγοῦνα 129,46
μαγγυράνα 151,8
μαγκοῦνα 129,46
μαγύδαρις 129,34
μάδαλκον 230,1
μάδελκον „
μάδρυα 6,3
μαζιζάνιον 234,1
mazicinum 219,7
μαῖον
μαῖμάξ 100,3
μαιούλιον 174,49
μαῖούνιν „
μακάβιον
μακαιρίσα 222,3 1
μακάριος 130,1
μακεδονίσιον 129,8
μάκερ 139.3
μακηϑό Aeg. 151,3
macia 161,2
μακκάτ 222,3
μακούλ 151,10
μακροπέπερι 144,6
μακροπηπέρη „
μακροπίπερον „
μακρότερον Proph. 181,1
μάκων 110,1
μαλάβαϑρον 187,2
malagreta 218,2
μάλαϑρον 129,31
μαλακόκισσος 146,1
μαλακόν 198,5
μαλάνϑη 118,11
μαλάχη 48,1
μάλοιον 76,5

malum terrae 210,1 161,9
μαμερφλοῦ
μαμηρέ 110,3
μαμμαμά 151,4
μαμουσάγκιον 92,1
μανδηλίδα 174,20
μανδραγούρα 144,4
μανεψά 92,1
μανζιζάνη 234,1
μανζιζάνιον „
μάνης 13,3
μανικός 144,2
μάνις 13,3
μανιτάρι
μανιτάριον·
manifolium 174,31
μάννα 13,3
μανοῦλα 159.1
μανοῦνι 142,11 .
μανούρα
μαντεία Dacis 9,2
μαντηλίδα 174,20
marathron 234,1
μάραϑρον 129,31
μαράσκιον 6,3
Mariae herba
μαροῦβιν ἀγρία
μαρουλάκι 174,49
μαρούλλιον · „
μάρουλον „·
μαρουλόσπορον „
μαρουλόφυλλον „
μαρούμπια
μαρωδία 118,11 174,21
μαρώνη 174,35
μάς 189,1

12*

μιάζ 63,1
μιασφώ Proph. 161,9
μιατεσσεήλε
μιβελέται 10,6
μικιεί Aeg. 161,2
μικρομάρουλον 174,49
militaria 152,1
militaris „
milium solis 142,9 ·
μιμαίκυλον 10,8
μίνϑη 227,3
minon 9,2
μῖνος 144,4
μίντη 151,3
μινώ 9,2
μιονίδα 251,8 ·
μιονῆτις „
mirtus 58,1
μίσκ 17,1
μισόδουλος 151,2
μίχος
μνάσιον 245,1
Μνησίϑεος 203,1 174,20
μνία
μόζουλα Dacis 151,10
μοϑόϑ Aeg. 110,3
μοίμοιμ Afris 78,1
μόχουλ 230,1
μολάχη 48,1
μόλεον 16,2
μολόϑουρος 229,13
μολόχα 48,1
μονόκαυλον 109,16
μονόκοκκα 229,7
μονέκλωνος 174,16
Morgellina 161,2

morsus gallinae 161,2
μορέη 192,1
μόροξος 151,18
mortine 58,1
μοσάρινον 4,33
μοσχατέλι 41,1
μοσχέλαιον 29,14
μοσχοβότανον
μοσχοκαρίδας 123,1
μοσχοκάριδον „
μοσχοκάρυδον „
μοσχοκάρφι 58,2
μοσχολάχανον
μοσχοσίταριν 4,8
μούκοιλ άζράχ
μούκουλ 230,1
muniacus 6,3
μούρ 129,48
μούρδιζ
μουρέα 192,1
μουρέλλα
μουρζιδὶν ξηρόν
μοῦρον 192,1
μουρτόκοκκον 58,1
μοῦρτος „
μουσέλαιον 29,14
μουσήλιον „
μοῦσκλα 6,3
μουσχοκάρυδον 123,1
μουσχοκάρφι 58,2
μούσπουλον 10,3
μουστεροί 174,7
μοῦσχος
μουχαιπέ 142,14
μουχαῖται „
μουχμουτίμ. Aeg. 78,1

ξύλον ικαρύας
ξυλοπέταλον 9,5
ξυλοτζουνίπερι 203,1
ξυλοχάρτιον 245,1, a
ξυλοχάρτον „
ξυνίδα 9,7
ξυρίχη
δελχολάφ 174,16
όζαλίδα 189,1
όζηλίδα 151,23
όξόγυρος 174,30
όζολάλουδον 151,8
όϑόνα 110,3 85,1
όϑόνιον „
οίνάνϑη 7,1
οίνώ Aeg. 76,3
oca 10,6
ocalib „
occa „
όκνηρός 227,6
occhi 10,6
όλίγωρος 140,1
όλιγόχλωρον 108,1
όλμα Dacis 133,2
όλυρα 246,42
όλύσατρον 129,8
όμβρελα 174,35, a
όμόνοια 118,5
όμοιονόμοιος 4,13
όμφαλόκαρπον 136,1
όμφαλος γῆς 73,4
όμφαρ 174,35, a 4,26
onicanthe 174,16
όνιστις 140,1
όνοβρόχειλος 4,25
όνόγυρος 174,30

όνοϑέρης 142,5
όνόϑορος „
όνόϑουρι 48,2
όνόϑουρις „
όνοκάρδιος 174,35, a
όνόκιχλες 142, 4
όνοκλεία 142,5
onocrisis „
όνομαλάχη 48,2
όνομόλοχος „
όνος ίχρεως Proph. 151,8
ονόσκορδον 229,7 151,29
όνούϑορος 142,5
όνόφυλλος „
όνόχειτλος 142,4
onochelon
όνυξ 229,7
    „ ίβεως 9,5
    „ μυός 189,2
όξαλίς 189,1 161,2
όξευχίδα
όξία 198,1
όξιλαπατζία 189,1
όξιφήνηχον 129,34
όξύα 198,1
όξυνάκανϑα 125,1
όξυνάκανϑος 10,1
όξύβρουλον 243,1
όξύη 198,2
όξυνίδα
όξύπορον 29,1
όξύπουριν „
όξύπουρον „
όξύπτερνον 243,1
όξύτονος 110,1
όξυφοίνιχον 129,34

ῥητίνη 204
ῥιὰλ ἀρμενιγός 29,14
ῥίββε 98,1
riben „
ribes „
riborasta Dacis 174,31
ῥιγάνι 151,8
ῥίγανον „
ῥίζα Ѕεία 151,25, a
„ περιστερᾶς „
„ ψευδόνυμος 177,1, a
ῥιζάρην 136,4
ῥιζάρι „
ῥίζι 246,13
ῥικέα 10,3
ῥιομπάρμπαρον 189,3
ῥίον „
ῥίπλα 82,1
ῥίτζι 246,13
ῥίχιον 174,2
ῥοά 63,1
ῥοβάλευρον 4,27
ῥοβίᶿι 4,26
ῥόβιν 4,27
ῥόγδια 63,1
ῥογχοσσοῦρα 230,14
ῥοδακινέα 6,2
ῥοδακινιά „
ῥοδάκινον „
ῥόδια 63,1
ῥοδοδάφνη 139,3
ῥοδόδενδρον „
ῥοδοκιναία 6,2
ῥόδον 9,8
ῥόζα μάρινα 151,6
ῥοϊδεά 63,1

ῥοϊσχάδιον 63,1
ῥόκα 109,14
ῥόκας 229,7
ῥομότζε 222,3
ros syriacum 11,6
rosa asinaria 9,8
„ fatuina „
„ germanica „
ῥοσμάριν 58,2
ῥοῦ 11,6
„ βυρσαϊκοῦ „
„ βυρσοδεψικόν „
„ μαγαρικόν „
„ σκύτεως „
„ συριακός „
ῥουβία 136,4
rubia minor „
rubus canis 108,1
ῥούδα 16,1
ῥουδί „
ῥούδια 63,1
ῥοῦδιν 16,1
ῥουᶿίν „
ῥούκα 109,14
ῥουμβίμ 136,4
ῥούμπιαν „
ῥούντζε 222,3
rhus marinus 11,6
„ orientalis „
ῥουσία 177,1, a
ῥουσοστάχυον „
ῥούσους 4,13
rustica 177,1
ῥοῦτα 16,1
ruta sylvestris „
ῥούτιν 11,6

13

ῥρομύδια 229,7
ῥύζι 246,13
ῥυσία 177,1, a
ῥυσίνη 204
ῥυτή 16,1
ῥῶγα 41,1
ῥώδια 63,1
ῥώκα 109,14
ῥώξ 41,1
σααρϑά Aeg. 174,2
σαβέα 83,8
sabbâre Arab. 229,19
σαβήνα 203,1
σαβίνα „
σαγάπηνος 129,34
sagapium „
σαγάρ 174,16
σαγγουινάριαμ 4,11 (S. 129)
σαγιόκολον 177,1
σαγχαρώνιον 144,9
σαζαμπερί 129,38, a
σάκχαρι 246,2
σαλάχ 83,4
σαλβήα 151,5
σαλβία „
salvia transmarina 251,9
σαλία Dacis 129,14, a
σαλίβαρις 174,19
σάλιξ 195,1
σαλιούλλα 177,1
saliunca „
σαλμίκα 187,1
salsicortex 198,2
salutaris 151,6
σαμβοῦχο 133,2
σαμέλαιον 155,1

samiulo 118,4
σαμοϑρακική 227,6
σαμοῦχος 133,2
σαμποῦκος 177,1, a
σαμχαντάλ
σάμψυχον 151,8
σάμψως 129,31
sana muda 174,28
σανάχ πουρχαΐ 247, a, 1
sanguinaria 109,29
σανδάλ 186,3 218,2
σανδαράκη 203,2
σανδονίκη 174,16
σανδράους 203,2
σανετάν. 186,3
σάνιλον Aeg. 146,1
σανό 4,8
σανόν „
σανός „
σανσάφ Arab. 195,1
σανσιφάγιες 86,1
σαντάλ 186,3
σαντάν „
σαντάτζ „
σαντζαρουλγάρ
sanchromaton 234,1
saxifraga 129,14 251,9
σαξίφραγος 86,1
σαουνίζ 4,27
σαουσέμ 229,3
σαπάνα Gall. 161,2
σαπήγανον 129,34
σαπουνίδα 161,2
σαπούρ 229,19
σαπωνίς 151,8
σαραζηχχουνεροῦν 76,5

σαράκινον 100,2
σαρακούστ 9,8
σαρδιανόν 198,5
σαρζόφαγον 86,1
σάρία 245,1
carcocolla 185, a
σαρκοτρόφι 151,5
σαρκόφαγον 86,1
σαρκόφατον
σαρμός 4,8
σαρξίτραυον 86,1
σαρξίφραγον „
σαρξίφραγος „
σάρομα 151,23 (S. 133)
σαρουχάλια 175,1
sarsas 195,1
σάρτζες „
σάταρ 151,8
σάτερ „
σατόριον 219,7
σάτορον „
satre 151,8
σατύριον 219,7
σαυρίδης 109,37, a
σαυριζέν „
σαυρῖτις 161,2
σαυτρία 151,10
σαφαρντζηάλ 10,6
σαφϑώ Aeg. 144,9
σαφρᾶς 222,2
σάφσαφ 195,1
σάψυχον 151,8
σέβα 133,2
σεζερουπάχ
σεηκερά 174,49
σεησάμπαρ 13,1

σεησάμπερ 13,1
σεησύμβαρ „
σεηταρατζάναχ 218,2
σειρικά 151,8
σειρικόν 174,38
σεισέμβερ 13,1
seitaragi 218,2
σεχαήκ 118,4
σεκακούλ .
σελέψιον Aeg. 191,1
σεληλά 187,1
σελήνιον 119,2
σεληνόγονος Proph. „
σελήχα 187,1
selia „
σέλινον 129,8
σελινορίτιον 9,2
σελινόσπορον 129,8
selinophyllon 251,9
σελίχα 187,1
σελούκα „
σέμ 155,1
σεμέϑ Aeg.
σεμεικενούμ 118,4
σεμεόν Aeg. 76,5
σεμίδαλις 246,42
σεμνός Proph. 152,7
σεμοῦρα Aeg. 76,5
σεμπεστέναις 26,2 246,44
σέμσεμ 155,1
σενδιόνωρ Aeg. 151,21
σενουνίζ 4,27
σενουσέμ 229,3
sentix ursina 26,1
σεντούκλην 178,1
σεντοῦκλιν „

13*

σκουρδούμα 229,7
σκυθάριον 129,38, a
σκυθικὸν ξύλον „
σκύθιος 4,13
σκύλα 229,8
σκυλάκιον 29,8
σκυλλοκρόμμυδον 174,49
σκυλόχορτον 142,2
σμιλάγγια 227,7
σμιλακία „
σμῖλαξ „
σμύλαξ 202,1
σμύρνη 218,4
σμυρνοβότανον 129,9
σοβέλ Aeg. 174,35, a
σοβέρ Aeg. 129,14, a
σογχίτης 174,41
σόγχος 174,46
solastrum 146,3
σολομονία
σολομωνία
solsequium 174,38
σομάκιν 11,6
σόμι Aeg. 174,16
σομφία Aeg. 228,2
sopora 110,1
sorbae 10,3
σουβίτης Gallis 127,1
sublabium 142,2
σοῦβρον 10,8
σούκ 109,12
σουκᾶν
σουκκατ 174,35
σοῦκον 192,2
σουκόταχος
σούλβα 10,3

σούμ Aeg. 152,7
σουμάκα 11,6
σουμάκι „
σούμβουλ 177,1, a
σούμπουλ „
σούρβα 10,3
σουβία 10,8
σοῦρβον „
σοῦρος 198,2
surrigo 229,7
σούρτζες 195,1
σουσένε 229,3
σουσήν 229,3
σοῦσον Phrygibus „
σουσοῦνι 110,1
σουτεμερίαι 122,1
σουφλώ Aeg. 151,1
suffe 151,8
σούχ Arab. 174,16
σοφοέφ 210,1
σόφουρον 204
σπάγουλε 136,4
σπαθοβότανον 222,1
σπαθοφοίνιξ 230,22
σπαθόχορτον 222,1
σπάντιον
σπάραγγι 227,3
spargula 136,4
σπάρτη 4,2, a
σπάρτον „
σπαχένη 129,34
σπέδουμνον 36,1
spelta 246,42
σπέλτον „
σπίνα ἄλβα 174,35
σπίρη

ϙασκόμηλα 151,5
φαϛχομηλιά „ 240,1
φαυστιανός 41,1
fel terrae 141,2 174,35
φελλεραί „
ϙελλός 198,2
ϙελλουρία 187,2
ϙελός 198,2
ϙελτερά 141,2
phenium 118,4
ϙενοῦλιν 129,31
fexasis 174,16
ϙεριπόνιον Syris 151,25, a
ϙέρμπιον 29,1
ϙέρομβρος
ϙέρουμβρος 174,49
ferulago 129,38, a
ϙερούλλα 129,34
ϙέρουσα 174,27
phersephonion 152,1
ϙευσασπίδιον 151,29
ϙηγός 198,1
ϙϑείρ 204
ϙϑίσι Proph. 119,2
ϙιαλτία „
ϙιερρεί Rom. 174,35
ϙιϑοϙϑεϑελά Dacis 251,9
ficus aegyptia 192,2
„ Pharaonis „
ϙίλ 195,1
ϙιαλτία 119,2
ϙιλάνϑρωπος 175,1
ϙιλάκουαν Aeg. 139,1
ϙιλάκουον „
ϙιλικλά 251,1
filicula 251,7

ϙιλιπέδυλα 7,1
philira 53,1
ϙιλίτζα 195,1
ϙιλόλβιον 29,1
ϙιλομήδειον 110,3
ϙιλόπολις 151,23
ϙιλόϙαρες „
ϙίλτζα 195,1
ϙιλτροδότης 251,8
ϙίλυρα 53,1
ϙίλχα 195,1
fistik 11,4
ϙιτιλεά 159,1
ϙιττάκια 11,4
ϙλασκομηλιά 151,5
ϙλεμουνόστερα
ϙλομονίδιον 142,7
ϙλοῦδα
ϙλοῦστρον 63,1
ϙόγχαρ 221,4
ϙοινίκια 230,22
ϙοῖνιξ, πόα 246,44
phoenicea herba „
ϙόλβιον 29,1
ϙολιόρουν
ϙονεάς 9,7
ϙόρβιον 29,1 151,5
ϙόρμιον „ .
fostaq 11,4
ϙοῦ 177,1 u. 1,a
ϙοῦεν „
ϙουιακάχ 243,1
ϙουκάχ „
ϙούκκαα „
ϙουκχά „
ϙουμιτέρα 111,2

χαρμπάχ
χαρούβα
χαρούρας
χαρχάλην 100,2
χαρχχία 192,2
χάς 151,3
χασαλλυμπάν 165,1
χασάρ 151,8
χασάχ 70,2
χάσε 151,10
χασέχ 26,1 70,2
χάσκουσα 219,7
χάτμή 48,2
χαυλέν 26,1
χεασάμπαρ 187,1
χέδρα 195,1
χέδροπα
χέδροπες
χειμονιατικόν 100,2
χειμονιχόν „
χείρ 178,1
χειροβότανον 78,1
χειρωνιάς 174,35
χελεῦ 26,1
χελήλιζ 229,7
χελιδόνιον 110,3
χελιδωνία „
χελιλίγζ 229,7
χελιλίγξ „
χέρβα 29,8
χερέδρανος 202,2
χερζαχερά 139,3
χερούα 9,5
χετίχερον 4,8
χημίς Aeg. 129,32
χήναια 69,1

χηναία 69,1
χηνέα „
χηνὸς αἷμα
χηνώ Aeg. 174,35, a
χήρουα 9,5
χηρύβιον
χιαρσάμβερ 187,1
χιλιόφυλλον 70,1 189,2
χιμερινή 73,1
χίφονα 29,8
χίφωνα 230,22
χλοή 4,8
χλωροκούχι 4,27
χλωτοριπά Aeg. 82,1
χοιροβότανον 78,1
χοιρώνιον
χολιβίν 218,1
χολοβότανον 29,1
χολοκοκαία „
χολόκοκκα „
χολοποιόν 174,16
chondorîla 174,49, a
χονδρίλλα „
χόνδρος 100,3
χορά 85,1
χορασέν 13,3
χορμπεραίτ 48,1
χορόδανον 129,33
χορὸς Ἀφροδισίας 233,1
χόρτα
χορταράκι
χορτοκορόνη 16,2
χόρτος 4,27
χόρχορος 161,2
χουβζέλ 161,9
χούδουα Afris

χουδούμ Afris 189,2
χούλπεν 4,8
χούμελι 41,3
χουμπάτου μπάρι 48,1
χουρασένη 13,3
χουρζήτα Afris
χουρλαντία 76,5
churkar 109,37, a
χουρμᾶ Afris 16,1
χουρπή
χούρφ 109,37, a
χούφανα „
χούς 219,7
χούφροις Afris 118,4
χρουσόμιον
χρυσάνθεμον Proph. 174,16
chrysanthum 174,20
χρυσίσκηπτοον 174,32
χρυσίσπερμον 73,1
χρυσόβαλα 29,14
χρυσοβάλανον
χρυσόγονον 125,3
χρυσοελαία 26,2
χρυσοκαλίς 174,21
χρυσοκάνθαρον
χρυσόκαρπος 127,1
χρυσολάχανον 83,8
χρυσολόλουδον 151,8
χρυσόνιχος 127,1
χρυσόξυλον 129,38, a
χρυσοπόλη
χρυσόπολις
χρυσόσπερμον 125,3

χρυσού σφαῖρα 222,2
χυδρώνα 9,5
χύρωνα „
χυτρότροφον 151,25, a
χυχώτροφον „
χωκόρτη Aeg.
ψαλίδες 41,1
ψευδοβούνιον 129,13, a
ψευδομάρτυρας 177,1
pseudomelanthium S. 132
ψευδοπαθές 4,12, c
ψευδοσέλινον 9,5
ψίλεον 181,1
ψίλωθρον 100,1 3 (S. 131)
ψιττάκιον 11,4
ψιφεδίλη 119,2
ψυλλερίς 181,1
ψυλλήθρα 174,7
ψύλλιον „
ψυχή 151,29
ψυχότροφον 151,25, a
ψυχούαχος
ψυχρότροφον 151,25, a
ὠκιμοειδές 170,1 174,35, a
ὤκιμον 151,2
„ ἄγριον 174,49
ὤκιμουμ ἀκουάτικουμ 170,1
ὤνιον 73,2
ὠχεῖ Aeg. 83,8
ὤχρα 4,30
ὠχράς „
ὠχρός „
ὦχρος „